Personalkosten

Wie Sie die Ausgaben in den Griff bekommen

Joachim Gutmann
Martina Kollig

Bibliografische Information der Deutschen Bibliothek
Die Deutsche Bibliothek verzeichnet diese Publikation in der Deutschen Nationalbi-
bliografie; detaillierte bibliografische Daten sind im Internet über http://dnb.ddb.de
abrufbar

ISBN 3-448-06598-6
Bestell-Nr. 00837-0001

© 2005, Rudolf Haufe Verlag GmbH & Co. KG, Niederlassung Planegg b.München
Postanschrift: Postfach, 82142 Planegg
Hausanschrift: Fraunhoferstraße 5, 82152 Planegg
Fon (0 89) 8 95 17-0
Fax (0 89) 8 95 17-2 50
online@haufe.de
www.haufe.de
www.taschenguide.de
Lektorat: Ulrich Leinz

Redaktion: Peter Böke
Umschlaggestaltung: Grafikhaus, München
Umschlagentwurf: Agentur Buttgereit & Heidenreich, 45721 Haltern am See
Druck: freiburger graphische betriebe, 79108 Freiburg

Zur Herstellung dieses Buches wurde alterungsbeständiges Papier verwendet.

Vorwort

Personalkosten stellen einen erheblichen Anteil an den Kosten des betrieblichen Leistungsprozesses dar. Für Unternehmen ist es daher von entscheidender Bedeutung, ein aktives Kostenmanagement zu betreiben, das Personalkosten minimieren hilft.

Bei dem Stichwort „Personalkosten senken" wird als Lösungsweg meist an Personalabbau gedacht. Dabei wird übersehen, dass sich Kosten meist ebenso effektiv und zudem mitarbeiterfreundlich senken lassen, indem Sie steuerfreie Vergütungsbestandteile nutzen und die vorhandenen Personalressourcen effizient einsetzen.

Dieser „Taschenguide Personal" unterstützt Sie bei der Planung und Kontrolle der Kostenentwicklung und stellt Ihnen zahlreiche Instrumente zur kurz-, mittel- und langfristigen Kostensenkung vor. Darüber hinaus erfahren Sie, welche Softwarelösungen für die Analyse der Personalkosten infrage kommen.

Mit grundlegenden Fachinformationen, vielen praktischen Tipps und Checklisten sowie konkreten Anwendungsbeispielen unterstützt der „Taschenguide Personal" Sie bei der Optimierung Ihres Personalaufwands. Weitere Beispiele, Checklisten, Übersichten sowie Gesetzestexte und Urteile finden Sie im Internet unter www.personal-office.de/randstad oder direkt unter www.randstad.de.

Joachim Gutmann und *Martina Kollig*

Inhalt

Die wichtigsten Fragen

1. Was sind Personalkosten?

Personalkosten setzen sich zusammen aus den Kosten für Löhne und Gehälter, den Kosten für soziale Aufwendungen und zusätzlichen Kosten wie Entgeltfortzahlungen, Prämien oder Fortbildungsmaßnahmen etc.

2. Was genau zählt zu den Lohnnebenkosten?

Bei den Personal- oder Lohnnebenkosten, die auf Grund der Sozialgesetze verpflichtend erbracht werden müssen, handelt es sich um den Arbeitgeberbeitrag zur Sozialversicherung. In Deutschland unterteilen sich die Beträge in Renten-, Kranken-, Arbeitslosen-, Unfall- und Pflegeversicherung.

3. Wie merke ich, ob Personalkosten zu hoch sind?

Um herauszufinden, ob die Kosten tatsächlich zu hoch sind, sollte zunächst einmal die genaue Höhe ermittelt werden. Dabei sollten Löhne, Gehälter, Zulagen, Prämien, Sonderzahlungen, aber auch Kosten für die Entgeltfortzahlung, Personalrekrutierung sowie für die Fort- und Weiterbildung der Mitarbeiter berücksichtigt werden. Eine Möglichkeit ist, die Werte buchhalterisch zu ermitteln und dann alle Kosten auf die Mitarbeiter umzulegen. Noch genauere Werte erhält man, wenn die Ermittlung abteilungsbezogen vorgenommen wird. Vergleicht man die Werte mit branchenüblichen Daten, so erfährt man, in welcher Abteilung Kosteneinsparungen vorgenommen werden können.

4. Kann ich bei den Nebenkosten sparen?

Ja, indem bei der Entgeltgestaltung bewusst Vergütungsbestandteile eingesetzt werden, die steuerfrei oder steuerbegünstigt sind oder für die keine Sozialversicherungsbeträge anfallen. Damit spart nicht nur der Arbeitgeber den Arbeitgeberanteil. Auch der Mitarbeiter erhält unter dem Strich mehr von seinem Lohn. Anstatt beispielsweise ein dreizehntes Monatsgehalt an einen Mitarbeiter auszuzahlen, könnte dieses Geld auch in die Pensionskasse einfließen. So sparen Arbeitgeber und Arbeitnehmer jeweils die Sozialversicherungsbeiträge.

5. Lohnt sich nach dem neuen Alterseinkünftegesetz die betriebliche Altersvorsorge noch?

Auf jeden Fall. Nach wie vor bringt der Abschluss einer betrieblichen Altersvorsorge sowohl dem Arbeitnehmer als auch dem Arbeitgeber finanzielle Vorteile. Vor allem dann, wenn eine so genannte Gehaltsumwandlung gewählt wird, und der Arbeitnehmer die Beiträge aus dem laufenden Arbeitslohn trägt. Der Arbeitnehmer spart Lohnsteuer und Sozialversicherungsbeiträge, der Arbeitgeber die Sozialversicherungsbeiträge.

6. Welche Personalcontrolling-Instrumente gibt es?

Ein Controllingsystem steuert die Kosten- und damit die Gewinnermittlung, indem es regelmäßig und gezielt die Ist-Werte mit den Plan-Werten vergleicht sowie die Ursachen von möglichen Abweichungen analysiert. Man unterscheidet zwischen operativen und strategischen Instrumenten. Häufig genutzte Instrumente des operativen Controllings sind beispielsweise Kennzahlen bzw. Kennzahlensysteme und Ist-Soll-Vergleiche. Neuere strategisch orientierte Controllingansätze sind das Benchmarking oder Audits.

7. Ist der Personalabbau die einzig wirklich effektive Methode zur Kostenreduzierung?

Nein, im Gegenteil. Häufig sind Personalkosten kurzfristig kaum zu beeinflussen, weshalb sie bei der Planung von Unternehmen eine wichtige Rolle spielen sollten. Vorschnelle Entlassungen sind unwirtschaftlich, weil sie mit höheren Kosten wie Abfindungen etc. verbunden sind. Entscheidend für sinnvolle Kostensenkung sind vielmehr Auswahl, Einsatz, Entwicklung und Motivation des Personals. Dennoch gibt es einige Möglichkeiten zur kurzfristigen Optimierung: In Zeiten schlechter Auftragslage können Überstunden beispielsweise durch Freizeitausgleich abgebaut werden. Auch Kurzarbeit kann eine Lösung sein. Dabei wird für einen bestimmten Zeitraum die regelmäßige Arbeitszeit und die entsprechende Vergütung der Mitarbeiter heruntergesetzt.

8. Wie kann ich Personalressourcen kostengünstig einsetzen?

Wichtig ist, dass die Mitarbeiter optimal ausgelastet und weder über- noch unterqualifiziert sind. Ein weiterer Ansatz ist, Mitarbeiter systematisch aufzubauen. Damit kann langfristig die Leistungsfähigkeit verbessert werden.

9. Zahlen sich Investitionen in Weiterbildungsmaßnahmen wirklich aus?

Ja, denn nur qualifizierte Mitarbeiter können gute Arbeit leisten. Es gibt zudem eine Reihe von bundesweiten und regionalen Förderungen, die Sie für die Qualifizierung Ihrer Mitarbeiter nutzen können.

10. Wie kann ich Personalkosten langfristig minimieren?

Das A und O sind reibungslose Geschäftsprozesse. Arbeitsgänge, die nicht wirklich nötig sind, sollten gestrichen, Leerlaufzeiten und Doppelarbeit vermieden und Arbeitszeiten auf die betrieblichen Bedürfnisse abgestimmt werden. Flexible Arbeitszeiten ermöglichen eine optimale Anpassung an einen schwankenden Arbeitsbedarf und kommen gleichzeitig den Interessen der Mitarbeiter nach einer besseren Vereinbarkeit von Beruf und Privatleben entgegen. Zu überlegen ist ferner, ob nicht auch Arbeiten sinnvoll ausgelagert werden können. Eine gewinnbringende Alternative zur Festanstellung kann zudem die Zeitarbeit darstellten. Auch von der Möglichkeit kurzfristiger oder geringfügiger Beschäftigung, etwa für Aushilfstätigkeiten, können Unternehmen profitieren.

Der Kostenfaktor Arbeit

Wer Gewinne erwirtschaften will, muss nicht nur für gute Umsätze sorgen, sondern auch die Kosten niedrig halten. Für viele Unternehmen bilden die Personalkosten den höchsten Kostenblock. In diesem Kapitel erfahren Sie,

- was den Kostenfaktor Arbeit ausmacht und wie er berechnet wird,
- wie sich Personalkosten zusammensetzen,
- welche Zusatzkosten entstehen,
- wie Sie steuerfreie Vergütungsbestandteile nutzen.

Checklisten zur Ermittlung der Personalkostenhöhe und zur Entgeltfindung finden Sie auf den Seiten 13 und 16.

Berechnung der Arbeitskosten

Arbeitskosten gelten als besonders wichtiger Indikator der internationalen Wettbewerbsfähigkeit eines Landes. Sie werden je Stunde gerechnet. Die Arbeitskosten je Stunde setzen sich aus dem direkten Stundenlohn – dem Lohn für tatsächlich geleistete Arbeit – und den anteilig verrechneten Personalneben- und -zusatzkosten zusammen.

> ■ *Tipp: Informieren Sie sich kostenlos*
>
> *Seit 1966 werden aufgrund von Verordnungen des Rates der Europäischen Gemeinschaft amtliche Arbeitskostenerhebungen durchgeführt, seit 1984 alle vier Jahre. Die Ergebnisse können Sie im Statistik-Shop des Statistischen Bundesamtes unter www.destatis.de abrufen.* ■

Lohnstückkosten

Der Begriff Lohnstückkosten, also Lohnkosten pro Stück, bezeichnet den Anteil der Arbeitskosten, die auf eine Produkteinheit entfallen – zum Beispiel: „Wie viel Lohnkosten stecken in einem Auto?"

> ■ Hintergrund: Die Lohnstückkosten sind ein Maßstab für die Kosten-Wettbewerbsfähigkeit eines Landes. Man errechnet die durchschnittlichen Lohnstückkosten für eine Volkswirtschaft, indem man die Arbeitskosten je Arbeitnehmer ins Verhältnis setzt zu der erbrachten Wirtschaftsleistung je Erwerbstätigen (Produktivität). ■

Die Lohnstückkosten sind dann besonders niedrig, wenn sich niedrige Arbeitskosten mit einer hohen Produktivität kombinieren lassen.

Ermittlung aller Personalkosten

Die Personalkosten setzen sich zusammen aus den Kosten für Löhne und Gehälter (Lohnkosten), den Kosten für soziale Aufwendungen (Personal- oder Lohnnebenkosten) und Sonderzahlungen sowie Zusatzkosten wie Entgeltfortzahlungen, Prämien oder Fortbildungsmaßnahmen (Personal- oder Lohnzusatzkosten).

Struktur von Personalkosten

Entgelte für geleistete Arbeit
+ Entgelte für arbeitsfreie Tage
▪ Feiertage
▪ Urlaub
▪ Krankheit
+ Sonderzahlungen
▪ 13. Monatsgehalt
▪ Urlaubsgeld
▪ Vermögenswirksame Leistungen
= Bruttolohn/Gehalt
+ Aufwendungen für Vorsorgeeinrichtungen
▪ Arbeitgeberbeiträge zur Sozialversicherung
▪ Betriebliche Altersversorgung
+ Personalzusatzkosten
▪ Weiterbildung
▪ Prämien, Boni, Tantieme
▪ Dienstwagen
▪ etc.
= Personalkosten insgesamt

Quelle: Institut der deutschen Wirtschaft Köln

Wie hoch der Personalaufwand ist, hängt vom Unternehmen selbst ab. Erfahrungsgemäß haben reine Dienstleistungsbetriebe wesentlich höhere Personalkosten. Umgekehrt haben reine Produktionsunternehmen vergleichsweise geringe Personalkosten, dafür aber höhere Kosten für den Materialeinsatz. Bei Handelsbetrieben wiederum hängt die Höhe

der Personalkosten wesentlich vom Umfang der Warenpa-
lette ab.

! Bevor Sie versuchen, die Personalkosten zu reduzieren, sollte zunächst einmal überprüft werden, ob
diese tatsächlich zu hoch sind. Die nachfolgende Checkliste
gibt Ihnen erste Anhaltspunkte.

Checkliste: Sind die Personalkosten zu hoch?

▪ Ermitteln Sie die Werte für Löhne, Gehälter, Zulagen, Prämien, Sonderzahlungen, aber auch Kosten für Entgeltfortzahlung, Personalrekrutierung sowie Fort- und Weiterbildung der Mitarbeiter mit Ihrer Buchhaltung.	
▪ Legen Sie die Kosten dann auf die Anzahl der Mitarbeiter um. Noch genauere Werte erhalten Sie, wenn Sie die Ermittlung abteilungsbezogen vornehmen.	
▪ Überprüfen Sie, welchen Anteil die Personalkosten an den Gesamtkosten ausmachen (Ermittlung der Personalaufwandsquote).	
▪ Vergleichen Sie die von Ihnen ermittelten Werte mit anderen Unternehmen Ihrer Branche. Vergleichzahlen erhalten Sie z.B. bei Wirtschaftsverbänden, bei der DATEV (über den Steuerberater), den Kammern, beim Statistischen Bundesamt oder über die Hausbank (Branchenkennzahlen).	

Löhne und Gehälter

Üblicherweise ist ein Gehalt ein über die Monate gleichbleibender Betrag, während die Löhne auf Stundenbasis gezahlt werden und deshalb variieren. Begriffe wie Lohnkosten oder Lohnfortzahlung im Krankheitsfall (heute: Entgeltfortzahlung nach dem Entgeltfortzahlungsgesetz) beziehen sich stets auf beide Entgeltformen (Lohn/Gehalt).

 Das Entgeltfortzahlungsgesetz finden Sie unter www.personaloffice.de/randstad.

Entgelte

Das Arbeitsentgelt ist der Betrag, den ein Arbeitgeber einem Arbeitnehmer aufgrund eines zwischen den beiden geschlossenen Arbeitsvertrages schuldet. Das Arbeitsentgelt kann nach verschiedenen Kriterien vereinbart und ausbezahlt werden.

- Stundenweise Abrechnung (Stundenlohn): Das Arbeitsentgelt wird nach den tatsächlich gearbeiteten Stunden abgerechnet. Auch Urlaubsentgelt oder Feiertagsentgelt werden stundenweise verrechnet.
- Monatsweise (z.B. Monatsgehalt): Es ist ein Betrag für einen ganzen Monat vereinbart, unabhängig von der Länge des Monats sowie der geleisteten Arbeitsstunden.
- Stücklohn: Das Entgelt richtet sich nach den fertig gestellten Stückzahlen. Urlaub- und Feiertage werden mit einem Durchschnitt entlohnt.

- Pauschalentlohnung: Diese Art ähnelt stark einer selbstständigen Tätigkeit, da für ein ganzes Projekt, unabhängig von der Arbeitsdauer entlohnt wird.
- Provisionsentlohnung: Bei unselbstständigen Handelsvertretern wird meist zusätzlich zu einem Grundgehalt (Fixum) ein bestimmter Prozentsatz des erzielten Umsatzes bezahlt.

→ Ausführliche Informationen zum Arbeitsentgelt bietet der Taschenguide Vergütung.

Entgeltfindung

Die richtige Entlohnung auszumachen, fällt vielen Unternehmen schwer. Denn niemand kann wirklich sagen, wie viel Gehalt (Lohn) irgendeine Arbeit zu irgendeinem Zeitpunkt gerechterweise wert wäre. Allerdings gibt es Richtlinien, an die sich Unternehmen halten sollten.

! Grundsätzlich gilt: Das Entlohnungssystem sollte durchschaubar, gerecht und leistungsorientiert gestaltet sein. Insbesondere sollte der Lohn

- den geistigen und körperlichen Anforderungen an den arbeitenden Menschen gerecht werden,
- möglichst die mengenmäßige und qualitative Leistung berücksichtigen, um die personellen und zeitlichen Leistungsunterschiede zu erfassen,
- zeitweilig auftretende, ungünstige Arbeitsbedingungen oder besondere Leistungen des Arbeitnehmers berücksichtigen (Überstunden, Schicht-, Feiertags-, Sonntagsarbeit usw.),

- soziale Belange (Anzahl der Kinder, Familienstand) berücksichtigen.

Die nachstehende Checkliste hilft Ihnen bei der Entgeltfindung.

Checkliste: So entlohnen Sie richtig

▪ Bestimmen Sie die Normalleistung, z.B. durch ein REFA-System aufgrund von Arbeitszeitstudien (REFA ist der bundesweite Verband für Arbeitsge-staltung, Betriebsorganisation und Organisation-sentwicklung).	
▪ Beziehen Sie die Ergebnisse aus Mitarbeiterbeur-teilungen ein (Fachkenntnisse, Arbeitsqualität und -quantität).	
▪ Prüfen Sie eine mögliche Erfolgsbeteiligung (Leistungs-, Ertrags-, Gewinnbeteiligung).	
▪ Trennen Sie leistungsunabhängige Zahlungen in beeinflussbar/nicht beeinflussbar (betriebliche Altersversorgung, Sozialabgaben, Urlaubsgeld, Kindergeld, Gratifikationen etc.).	
▪ Berücksichtigen Sie steuerrechtliche Rahmen-daten bei der Lohn- und Gehaltszahlung (z.B. bei Abfindungen, Aushilfen).	

■ *Tipp: Orientieren Sie sich an der tariflichen Grundvergütung*

Eine ausführliche, einmal jährlich aktualisierte Übersicht über die tarif-lichen Grundvergütungen für eine Vielzahl von Berufen und Tätigkeiten bietet das WSI-Tarifarchiv in der Hans-Böckler-Stiftung mit seiner Broschüre „Wer verdient was". Die Broschüre können Sie kostenlos auf der Website www.boeckler.de unter dem Menüpunkt Veröffentlichungen herunter geladen. ■

Personalnebenkosten

Personalnebenkosten (auch Lohnnebenkosten) werden die Ausgaben genannt, die der Arbeitgeber für den Arbeitneh-mer zahlt, ohne dass diese Bestandteil des vereinbarten Gehalts sind. Verpflichtend auf Grund der Sozialgesetze erbracht werden müssen:

- Rentenversicherung (9,75 %)
- Krankenversicherung (durchschnittlich 7 %)
- Arbeitslosenversicherung (3,25 %)
- Unfallversicherung (durchschnittlich 3,9 %)
- Pflegeversicherung (0,85 %)

Der vom Arbeitgeber zu tragende Gesamtbeitrag liegt damit zurzeit bei knapp 25 % des Bruttolohns. Die genaue Höhe ist vom Beitragssatz der vom Arbeitnehmer frei wählbaren Krankenkasse abhängig. Der Arbeitnehmer trägt weitere gut 20 % seines Bruttolohns zur Sozialversicherung bei; diese zählen allerdings nicht zu den Lohnnebenkosten.

Grundsätzlich werden die Beiträge zur Sozialversicherung zu gleichen Teilen von Arbeitgeber und Arbeitnehmer getragen, mit Ausnahme der Unfallversicherung, die der Arbeitgeber allein trägt.

> ■ *Hintergrund: Die hohen Lohnnebenkosten werden als ein Grund angesehen, weshalb die Arbeitslosigkeit in Deutschland auf hohem Niveau bleibt. Um diese Kosten zu senken und damit weitere Anreize für Beschäftigung zu geben, wurde das Hartz-Konzept geschaffen. Es bewirkt im Niedriglohnbereich eine Senkung der Sozialversicherungsbeiträge. Dafür wurden Minijobs und Midijobs geschaffen, die neben das reguläre Beschäftigungsverhältnis treten. Kritiker geben zu bedenken, dass Lohnersatzleistungen die Nachfrage in Zeiten konjunktureller Schwäche stützen, sie mithin neben der Absicherung auch volkswirtschaftliche Aufgaben erfüllen.* ■

Zahlungsweise

Die Sozialabgaben stellen eine Pflichtversicherung dar. Sie können auch nicht durch eine Vereinbarung zwischen Arbeitgeber und -nehmer ausgeschlossen werden, sofern ein versicherungspflichtiges Arbeitsverhältnis besteht. Der Beitrag des Arbeitnehmers wird automatisch mit seiner monatlichen Gehaltszahlung abgeführt. Sowohl der Arbeitnehmer- als auch der Arbeitgeberanteil am Gesamtsozialversicherungsbeitrag werden vom Arbeitgeber monatlich an die zuständige Einzugsstelle (Krankenkasse) weitergeleitet. Die Einzugsstelle verteilt den Gesamtsozialversicherungsbeitrag auf die einzelnen Sozialversicherungsträger.

Den Beitrag zur Unfallversicherung zahlt der Arbeitgeber unmittelbar an den zuständigen Unfallversicherungsträger. Dies ist in der Regel eine Berufsgenossenschaft.

Personalzusatzkosten

Unter dem Begriff Personalzusatzkosten werden üblicherweise jene Kosten verstanden, die der Arbeitgeber neben den gesetzlich vorgeschriebenen Kosten freiwillig an den Arbeitnehmer zahlt.

Zu den Personalzusatzkosten zählen damit einmalige Sonderzahlungen wie Erfolgsprämien, aber auch Kosten für Weiterbildung, Vermögenswirksame Leistungen etc.

Übersicht: Nebenkosten versus Zusatzkosten

Gesetzliche Personalnebenkosten	Freiwillige Personalzusatzkosten
Arbeitgeberbeiträge zur • Arbeitslosenversicherung • Krankenversicherung • Rentenversicherung • Unfallversicherung	• betriebliche Altersvorsorge • Dienstwagen mit Privatnutzungsmöglichkeit • Vermögenswirksame Leistungen • Essenszuschuss etc.
Entgeltfortzahlung ohne Arbeitsleistung, z.B. • an Feiertagen (§ 2 EFZG, § 1 Feiertagslohn) • im Krankenfall (§ 3 EntgFG) • nach dem MuSchG • während des Urlaubs (§§ 1,11 BUrlG)	Entgeltfortzahlung ohne Arbeitsleistung, z.B. • Kosten für Aus- und Weiterbildung • Erfolgsprämien • Familienbeihilfen • Weihnachtsgeld • Urlaubsgeld

Gesetzliche Personalnebenkosten	Freiwillige Personalzusatzkosten
Bezahlte Freistellung für Vorsorgeuntersuchungen, z.B. bei Nachtarbeitern (§ 6 Abs. 3 ArbZG), bei Jugendlichen (§ 43 JugArbSchG)	Bezahlter Sonderurlaub in bestimmten Fällen, z.B. bei Betriebsjubiläen, Hochzeit, Geburt eines Kindes etc.
Kosten für • Betriebsarzt (§§ 1,2 Abs. 3 ASiG) • Betriebsrat (§§ 40 BetrVG)	Kosten für • Vorruhestand • Arbeits-/Werkskleidung

Abkürzungen: ASiG (Arbeitssicherheitsgesetz), BetrVG (Betriebsverfassungsgesetz), BUrlG (Bundesurlaubsgesetz), EntgFG (Entgeltfortzahlungsgesetz), JugArbSchG (Jugendarbeitsschutzgesetz), MuSchG (Mutterschutzgesetz)

 Relevante Gesetzestexte zu diesem Thema finden Sie unter www.personal-office.de/randstad.

■ *Tipp: Vergleichen Sie Ihre Kosten mit branchenüblichen Daten*

Vergleichen Sie Personalneben- und -zusatzkosten Ihrer Branche mit den firmenspezifischen Kosten Ihres Unternehmens. Liegen die Zahlen Ihres Unternehmens über denen Ihrer Branche oder Ihres Geschäftszweiges, ergeben sich Einsparpotenziale. Wo Sie sparen können, zeigt Ihnen eine Gegenüberstellung der einzelnen Kostenarten. ■

Grundsätzlich bieten freiwillige Leistungen ein wesentlich größeres Einsparpotenzial als die gesetzlich vorgeschriebenen. Leistungen, die Mitarbeitern freiwillig, also über den arbeitsvertraglichen oder tariflich vereinbarten Lohn hinaus gewährt werden, dürfen einseitig gekürzt oder gar gestrichen werden. Allerdings sollte bei Kürzungen oder Streichungen von Sozialleistungen immer berücksichtigt werden, dass Arbeitsklima und Motivation der Mitarbeiter darunter leiden können.

Betriebliche Übungen

! Haben Mitarbeiter eine Leistung über einen längeren Zeitraum erhalten (Richtwert: drei Jahre) und wurde diese in unveränderter Form und ohne Vorbehalt gewährt, ist eine betriebliche Übung entstanden. Die Mitarbeiter haben dann einen Anspruch auf diese Leistung erworben. Eine Streichung kann nur noch einvernehmlich mit den Mitarbeitern vorgenommen werden.

Beispiel:

Herr Erlenberg ist Chef eines Elektrobetriebs. Seit einigen Jahren gewährt er seinen elf Mitarbeitern einen monatlichen Fahrtkostenzuschuss in Höhe von 200 €. Auch Weihnachtsgeld, Urlaubsgeld und Heiratsbeihilfe zahlt er seinen Angestellten. Da sich sein Betrieb in einer Krise befindet, will er einige dieser Leistungen einsparen. Um Rechtsstreitigkeiten zu vermeiden, bittet er seine Mitarbeiter um deren Einverständnis. Durch eine Mitarbeiterbefragung lässt er diese mitentscheiden, worauf sie am ehesten verzichten können.

■ *Tipp: Vermeiden Sie betriebliche Übungen*

Versuchen Sie, betriebliche Übungen von vornherein zu vermeiden. Dazu müssen Sie jeweils deutlich machen, dass Sie bestimmte Leistungen nur freiwillig gewähren. Sie sollten herausstellen, dass auch nach wiederholter Zahlung kein Rechtsanspruch für die Zukunft besteht. ■

Sonderzahlungen

Unter Sonderzahlungen versteht man zusätzliche Formen der Arbeitnehmervergütung. Der Arbeitgeber kann das Ar-

beitsentgelt der Mitarbeiter mit verschiedenartigen Sonderzahlungen aufstocken. In Betracht kommen vor allem:

- Gratifikationen (z.B. Weihnachts- und Urlaubsgeld)
- Prämien (z.B. Qualitätsprämie, Pünktlichkeitsprämie)
- Provisionen
- Tantiemen
- Zulagen (z.B. Schmutzzulage, Gefahrenzulage)

→ Informationen zu unterschiedlichen Vergütungsformen
gibt der Taschenguide Vergütung.

§ Die rechtliche Einordnung einer Sonderzahlung
hängt von dem ihr zu Grunde liegenden Zweck ab.
Es wird unterschieden, ob durch die zusätzliche Zahlung die
Betriebstreue des Mitarbeiters, die Arbeitsleistung oder
beides belohnt werden soll. Mit der Zahlung einer Gratifika-
tion kann sowohl die Arbeitsleistung als auch die Betriebstreue belohnt werden. Die rechtlichen Folgen der jeweiligen
Einordnung der Sonderzahlung sind:

- Soll mit der Sonderzahlung die Arbeitsleistung belohnt
  werden, so hat der Arbeitnehmer bei vorzeitigem Ausscheiden Anspruch auf anteilige Sonderzahlung.
- Soll mit der Sonderzahlung auch die Betriebstreue belohnt
  werden, so hat der Arbeitnehmer bei vorzeitigem Ausscheiden keinen Anspruch auf anteilige Sonderzahlung.
- Soll mit der Sonderzahlung die Arbeitsleistung und/oder
  die Betriebstreue belohnt werden, so hat der Arbeitnehmer bei Fehlzeiten Anspruch auf anteilige Sonderzahlung.

Häufig finden sich in Arbeitsverträgen so genannte Rück-
zahlungsvereinbarungen, wonach eine Jahressonderzahlung

beim Ausscheiden bis zu einem bestimmten Zeitpunkt im Folgejahr zurückzuzahlen ist.

! Bei Rückzahlungsklauseln sollten Sie Folgendes beachten:

- Ein Rückzahlungsvorbehalt bei Gratifikationen bis 102,26 € (200 DM) ist grundsätzlich unwirksam (BAG, Urteil vom 17.03.1982, 5 AZR 1250/79).
- Gratifikationen zwischen 100 € und dem jeweiligen Monatsgehalt des Arbeitnehmers dürfen bei seinem Ausscheiden bis zum 31. März des Folgejahres zurückgefordert werden.
- Gratifikationen, die über einem Monatsgehalt liegen, dürfen bei einem Ausscheiden des Arbeitnehmers bis zum 1. Juli des nächsten Jahres zurückgefordert werden.

Steuerfreie Vergütungsbestandteile

Grundsätzlich gilt: All das, was Mitarbeiter verdienen, müssen sie auch versteuern. Zudem fallen für Arbeitnehmer und Arbeitgeber Sozialversicherungsbeiträge an.

§ Nach § 1 Arbeitsentgeltverordnung (ArEV) sind allerdings bestimmte Vergütungsbestandteile steuerfrei – und damit im Regelfall auch sozialversicherungsfrei.

Zu den steuerfreien Vergütungsbestandteilen zählen:

- Abfindungen
- Arbeitgeberdarlehen
- Aufwendungsersatz
- Fahrtkostenerstattungen

- Personalrabatte
- Umzugskosten etc.

Sowohl Arbeitnehmer als auch Arbeitgeber können von steuerfreien Vergütungsbestandteilen profitieren: Der Mitarbeiter behält netto mehr übrig, der Arbeitgeber spart den Arbeitgeberbeitrag zur Sozialversicherung.

Die Arbeitsentgeltverordnung finden Sie unter www.personaloffice.de/randstad.

Seit Januar 2004 wurden die Möglichkeiten, steuerfreie Vergütungen zu gewähren, zum Teil deutlich eingeschränkt. Nachstehende Tabelle gibt einen Überblick über die wichtigsten Änderungen gemäß Einkommensteuergesetz (EStG).

Übersicht: Welche Vergütungsbestandteile sind steuerfrei?

Vergütungsform	Neuerung seit 2004
Abfindungen	Abfindungen sind steuerfrei bis • 11.000 € (zuvor: 12.271 €) bei mind. 55-jährigen Mitarbeitern mit 20 Jahren Betriebszugehörigkeit • 9.000 € (zuvor: 10.226 €) bei mind. 50-jährigen Mitarbeitern mit 15 Jahren Betriebszugehörigkei • 7.200 € (zuvor: 8.181 €) in allen anderen Fällen
Fahrten zwischen Wohnung und Arbeitsstätte	• Kosten für Fahrten zwischen Wohnung und Arbeitsstätte mit öffentlichen Verkehrsmitteln (Job-Ticket) dürfen nicht mehr steuer- und sozialabgabenfrei erstattet werden. • Arbeitgeber können die Kosten aber übernehmen und mit 15 % pauschal versteuern. Die Zahlung ist beitragsfrei. • Alternativ kann Mitarbeitern eine Entfernungspauschale von 0,30 €/km (zuvor: 0,40 €/km) gezahlt und mit 15 % pauschal versteuert werden. • Die Entfernungspauschale ist auf 4.500 € (zuvor: 5.112 €) pro Mitarbeiter und Jahr begrenzt.

Vergütungsform	Neuerung seit 2004
Doppelte Haushaltsführung	Kosten einer doppelten Haushaltsführung dürfen erstattet werden. Allerdings muss für die wöchentliche Familienheimfahrt die reduzierte Entfernungspauschale von 0,30 €/km angesetzt werden.
Darlehen	Darlehen, die Mitarbeitern gewährt werden, sind steuerfrei, sofern der Arbeitgeber einen Effektivzins von mind. 5 % (zuvor: 5,5 %) verlangt und die Summe höchstens 2.600 € beträgt.
Arbeitnehmerrabatte	Werden Mitarbeitern Rabatte auf firmeneigene Waren eingeräumt, sind diese bis zum Freibetrag von 1.080 € (zuvor: 1.224 €) steuer- und sozialabgabenfrei.
Sachbezüge	Sachbezüge (z.B. Benzingutscheine) sind im Wert bis 44 €/Monat (zuvor: 50 €/Monat) steuer- und beitragsfrei.
Vermögensbeteiligungen	Werden Mitarbeitern kostenlose oder verbilligte Vermögensbeteiligungen (z.B. Aktien) überlassen, ist der damit verbundene geldwerte Vorteil bis zum Freibetrag von 135 €/Jahr (zuvor: 154 €/Jahr) steuer- und beitragsfrei.
Zuschläge für Sonn-, Feiertags- und Nachtarbeit	Für diese Zuschläge gelten prinzipiell unveränderte Regeln. Allerdings sind sie nur noch steuer- und beitragsfrei, soweit sie sich auf einen Grundlohn von höchstens 50 €/Stunde beziehen.

Das Einkommenssteuergesetz finden Sie unter www.personaloffice.de/randstad.

Der Arbeitgeber entscheidet, ob und in welcher Höhe steuerfreie Vergütungsbestandteile gewährt werden. Auf jeden Fall sollten diese mit den Arbeitnehmern abgesprochen werden. Gemäß Gleichbehandlungsgrundsatz gilt zudem: Alle Mitarbeiter, die die gleiche Tätigkeit ausüben, müssen gleich behandelt werden.

! Ohne die Zustimmung des einzelnen Mitarbeiters können steuerfreie Vergütungsbestandteile nur zusätzlich zum vereinbarten Entgelt gezahlt werden. Es ist also nicht möglich, das vereinbarte Entgelt beziehungsweise Teile davon einseitig in einen steuerfreien Vergütungsbestandteil umzuwandeln. Häufig wird vereinbart, dass ein Teil des Entgelts in eine steuerfreie Beitragszahlung des Mitarbeiters zur betrieblichen Altersversorgung umgewandelt wird (Entgeltumwandlung).

■ *Tipp: Beziehen Sie Ihren Betriebsrat mit ein*

Wenn Sie einen Betriebsrat haben, sollten Sie die Frage, ob und in welcher Höhe Sie steuerfreie Vergütungsbestandteile gewähren, in einer Betriebsvereinbarung mit Ihrem Betriebsrat klären. Hier sollten Sie auch Leistungsvorbehalte aufnehmen. Etwa, dass es sich um freiwillig gewährte, jederzeit widerrufliche Leistungen handelt. ■

Altersteilzeit

Bei der Altersteilzeit ist ein Mitarbeiter für einen Zeitraum von bis zu sechs Jahren nur noch die Hälfte seiner vorherigen Arbeitszeit im Unternehmen tätig. Dafür zahlt sein Arbeitgeber neben der Hälfte der früheren Vergütung so genannte Aufstockungsbeiträge zum Entgelt und zur Rentenversicherung. Diese Aufstockungen sind unter folgenden Voraussetzungen steuerfrei: Der Mitarbeiter

- ist mindestens 55 Jahre alt,
- leistet bis Rentenbeginn Altersteilzeit und
- war in den letzten fünf Jahren vor Beginn der Altersteilzeit mindestens drei Jahre beschäftigt.

Beispiel:
Herr Barenz, Finanzbuchhalter eines großen Autohauses, ist 59 Jahre alt und arbeitet seit Januar 2004 in Altersteilzeit. Zuvor hatte er 4.500 € brutto verdient. Das Altersteilzeitentgelt ohne Aufstockung beträgt 2.250 €. Diese Summe ist lohnsteuerpflichtig. Aufgrund einer Betriebsvereinbarung zahlt sein Arbeitgeber ein Aufstockungsgeld von 30 %. Diese 675 € sind steuerfrei.

! Aufstockungsbeträge zum Entgelt unterliegen dem Progressionsvorbehalt. Dies hat zwar keine Konsequenzen für den Arbeitgeber, wohl aber für den Arbeitnehmer – und zwar bei der Einkommenssteuerberechnung. Der Aufstockungsbetrag wird bei der Ermittlung des Steuersatzes berücksichtigt.

Betriebliche Altersvorsorge

§ Seit 2002 hat jeder Arbeitnehmer Anspruch auf eine betriebliche Altersvorsorge. Sie erfolgt durch Gehalts- bzw. Entgeltumwandlung und wird staatlich gefördert (§ 1 a Betriebsrentengesetz).

Altersversorgung in Deutschland

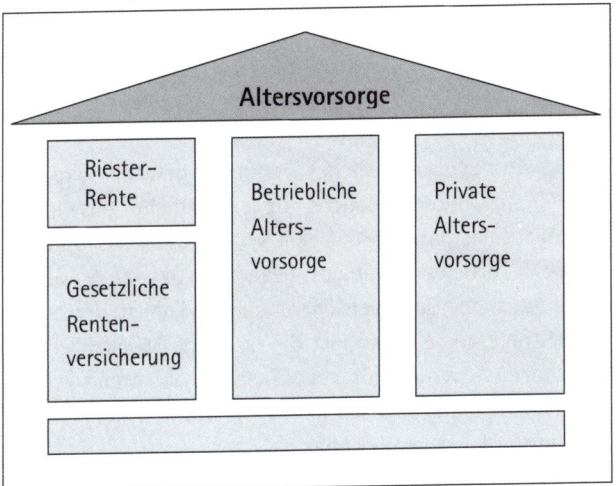

Von einer betrieblichen Altervorsorge können sowohl Arbeitnehmer als auch Arbeitgeber profitieren.

 Das Betriebsrentengesetz finden Sie unter www.personaloffice.de/randstad.

Beispiel:

Frau Gerald ist Angestellte in einem Architektenbüro. Sie verdient monatlich 2.500 € und zahlt davon 100 € in eine Pensionskasse ein. Ihr Nettoeinkommen verringert sich dabei lediglich um 49 €, obwohl 100 € in die Pensionskasse und damit in ihre Altersvorsorge fließen. Aber nicht nur Frau Gerald, auch ihr Chef Herr Müller spart: Und zwar im Jahr rund 252 € allein bei den Sozialversicherungsbeiträgen für Frau Gerald. Da auch alle anderen fünf Angestellten eine betriebliche Altervorsorge abgeschlossen haben, kommen für ihn nennenswerte Beträge zusammen.

Grundsätzlich gibt es drei Varianten der betrieblichen Altersversorgung:

- Unterstützungskasse
- Direktversicherung
- Pensionskasse

§ Je nachdem, welches Verfahren gewählt wird, hat dies unterschiedliche steuerrechtliche Auswirkungen. Allerdings hat sich mit dem seit Januar 2005 gültigen Alterseinkünftegesetz einiges geändert. Das neue Gesetz bezieht auch die Direktversicherung in die Lohnsteuerfreiheit der Beiträge mit ein und löst die bisherige Möglichkeit der Pauschalversteuerung für neue Zusagen ab. Damit ist die Direktversicherung faktisch in allen relevanten Punkten mit der Pensionskasse vergleichbar.

Welche Vorteile bietet die Unterstützungskasse?

Die Unterstützungskasse eignet sich als mitbestimmungspflichtige Sozialeinrichtung besonders für die Abwicklung einer Grundversorgung der Arbeitnehmer. Die Beitragsleistungen, die der Arbeitgeber in der so genannten Anspar- oder Aufbauphase erbringt (also während der beruflichen Tätigkeit des Mitarbeiters), sind für den Arbeitnehmer steuer- und sozialversicherungsfrei. Für den Arbeitgeber sind die Beiträge abzugsfähig.

Auch wenn der Arbeitgeber sich an der Finanzierung beteiligt (Gehaltsumwandlung), bleiben die Leistungen in vollem Umfang steuerfrei und bis in Höhe von vier % der Beitragsbemessungsgrenze in der gesetzlichen Rentenversicherung (2005: 2.496 €) sozialversicherungsfrei.

! Ab 2009 sind die Beiträge voll sozialversicherungspflichtig.

Die späteren Versorgungsleistungen aus der Unterstützungskasse (Rentenphase) sind als "Einkünfte aus nichtselbst-
ständiger Arbeit" in voller Höhe steuerpflichtig. Die bisherigen
Steuervergünstigungen in Form des Arbeitnehmer-
Pauschbetrages (920 €) und des Versorgungsfreibetrages
(40 %, höchstens 3.072 €) werden seit 2005 bis zum Jahr
2040 schrittweise reduziert.

■ *Tipp: Gehen Sie kein Risiko ein*

*Unter Risiko- und Kostenaspekten kommt für kleinere und mittlere Unter-
nehmen nur die überbetriebliche Unterstützungskasse in Betracht, die
dann zumeist rückgedeckt ist. Damit fällt zwar die Flexibilität der Finanzierung weg, aber dafür wird ein hoher Vorausfinanzierungsgrad erreicht.
Trotz Rückdeckung müssen jedoch auch in diesem Fall Beiträge an den
Pensions-Sicherungs-Verein (PSV) gezahlt werden.* ■

Übersicht: Steuerliche Behandlung und Förderung

Arbeitgeber	▪ Der Höhe nach beschränkte Abzugsfähig-keit der Zuwendungen als Betriebsausgaben ▪ Bei einer rückgedeckten Unterstützungs-kasse volle Abzugsfähigkeit der Rück-deckungsbeiträge, wenn diese kontinuierlich bis zum Eintritt des Versorgungsfalls in glei-cher oder steigender Höhe gezahlt werden ▪ Einsparung des Arbeitgeberanteils zur Sozialvers., soweit der Beitrag auch beim Arbeitnehmer sozialversicherungsfrei ist

Arbeitnehmer (Ansparphase)	<ul><li>Unbegrenzt lohnsteuerfrei</li><li>Soweit die Beiträge arbeitgeberfinanziert sind, gilt unbeschränkte Sozialversicherungsfreiheit</li><li>Soweit die Beiträge aus Entgeltumwandlung gezahlt werden, gilt die Beitragsfreiheit nur für Beiträge bis zu 4 % der Beitragsbemessungsgrenze zur Rentenversicherung</li><li>Riesterförderung ist nicht möglich</li></ul>
Arbeitnehmer (Rentenphase)	<ul><li>Die Rente abzüglich Freibeträge (Versorgungsfreibetrag) ist voll zu versteuern (nachgelagerte Besteuerung)</li><li>Es sind die vollen Beiträge zur Kranken- und Pflegeversicherung abzuführen</li></ul>

Was leistet die Direktversicherung?

Die Direktversicherung schließt der Arbeitgeber im Rahmen der betrieblichen Altersversorgung für den Arbeitnehmer ab. Sie nimmt wegen der Pauschalversteuerungs-, der Kapitalauszahlungs- und der Vererbungsmöglichkeit eine Sonderstellung in der betrieblichen Altersvorsorge ein und ist seit 2005 der Pensionskasse gleichgestellt. Bei Direktversicherungen, die vor 2005 abgeschlossen wurden, konnte ein Beitrag bis maximal 1.752 € mit 20 % pauschal versteuert werden. An die Stelle dieser pauschal versteuerten Beiträge sind die steuerfreien Beiträge in Höhe von bis zu vier % der Beitragsbemessungsgrenze zzgl. 1.800 € getreten.

! Bei der Direktversicherung ist eine Förderung nach dem Altersvermögensgesetz (Riesterförderung) möglich. Mit Riesterförderung ist der Gesamtbeitrag jedoch voll steuer- und sozialversicherungspflichtig. Im Gegenzug erhält der Arbeitnehmer die Zulagen nach Altersvermögensgesetz oder kann den Sonderausgabenabzug geltend machen.

@ Das Altersvermögensgesetz können Sie unter www.personaloffice.de/randstad einsehen.

Die Leistung aus der Direktversicherung ist seit 2005 nur noch als lebenslange Leib- oder Hinterbliebenenrente möglich.

@ Eine Übersicht der Neuerungen in der Direktversicherung finden Sie unter www.personaloffice.de/randstad.

Wann ist die Pensionskasse interessant?

Seit 2005 haben sich Pensionskasse und Direktversicherung stark angenähert. Die Möglichkeit der pauschalversteuerten Beiträge ist entfallen. Im Gegenzug sind über die 4 % der Beitragsbemessungsgrenze hinaus Beiträge in Höhe von 1.800 € steuerfrei möglich. Diese Beiträge unterliegen aber in jedem Fall der Sozialversicherungspflicht.

! Eine eigene Pensionskasse kommt unter Risiko- und Kostenaspekten nur für größere Unternehmen in Betracht.

Management von Personalkosten

Angesichts steigender Wettbewerbsintensität sind die genaue Kenntnis der Personalkosten und deren Beeinflussung von entscheidender Bedeutung für die Zukunft eines Unternehmens. Dieses Kapitel hilft Ihnen,

- die Personalkosten gezielt zu ermitteln, zu planen und zu steuern,
- geeignete Kostenrechnungs-, Planungs- und Steuerungsinstrumente für Ihr Unternehmen zu finden und
- die richtige Personalkostensoftware zu nutzen.

Mit Checklisten zur Kostenplanung (s. Seite 38), zur Budgetkontrolle (s. Seite 43), zur Balanced Scorecard (s. Seite 49) und zur Softwareauswahl (s. Seite 55).

Planung der Personalkosten

Jedes gut geführte Unternehmen sollte sich Ziele setzen: Gewinn, Kunden- und Mitarbeiterzufriedenheit, Aus- und Weiterbildung der Mitarbeiter, Betriebsklima etc. Diese Ziele werden von den operativen Einheiten des Unternehmens gemeinsam mit dem Controlling formuliert. Auch die exakte kurz-, mittel- und langfristige Planung von Personalkosten ist für jedes Unternehmen ein strategischer Erfolgsfaktor. Eine Unternehmensplanung ohne eine detaillierte Personalkostenplanung ist unvollständig.

! Im ersten Schritt reichen dabei eine grobe Planung einiger Kostenarten und ein Instrument zur regelmäßigen Kontrolle, um gefährliche Kostenabweichungen schnell zu erkennen. Wer keine gesonderte Kostenrechnung will, kann auf die Daten der Buchhaltung zurückgreifen.

Was leisten Kostenrechnungssysteme?

Um herauszufinden, welche Bezugsgrößen welche Kosten verursachen, bedient man sich spezifischer Verfahren, so genannter Kostenrechnungssysteme. Die aus der Kostenrechnung gewonnenen Informationen bilden die Grundlage für spätere Entscheidungen.

Grundsätzlich unterscheidet man folgende Kostenrechnungssysteme:

- Ist-Kostenrechnung: Die Ist-Kostenrechnung bildet den Unternehmensprozess nachträglich kostenmäßig ab. Die in dem Produktions- bzw. Leistungsprozess tatsächlich eingesetzten Gütermengen und Dienste werden mit den dafür aufgewandten Preisen berechnet. Rechnungsziel ist die Ermittlung der tatsächlich entstandenen Kosten.

- Normalkostenrechnung: Diese Rechnungsart ist meist ebenfalls vergangenheitsorientiert. Die Normalkosten ergeben sich aus dem Durchschnitt der Ist-Kosten vergangener Rechenperioden. Aufgrund der Durchschnittsbildung werden Zufälligkeiten und Schwankungen ausgeschaltet, so dass die Vergleichbarkeit von Kosteninformationen erheblich verbessert wird (so genannte exponentielle Glättung).

- Plankostenrechnung: Werden Kosten bereits vor Eintritt der betrieblichen Ereignisse ermittelt, handelt es sich um Plankosten. Die Kosten werden im Vorhinein für die zukünftige Rechenperiode geplant. Die ermittelten Kostengrößen sind prognostizierte Werte. Es handelt sich um Vorgaben im Sinne von Normalkosten. Sie werden für eine geplante Maßnahme berechnet und dienen in erster Linie der Kostenkontrolle (Soll-Ist-Vergleich). Dadurch werden Abweichungsanalysen möglich, die entscheidungsrelevante Daten für künftige Entscheidungen liefern.

! Alle Kostenrechnungssysteme können sowohl auf Voll- als auch auf Teilkosten basieren. Bei der Vollkostenrechnung werden sämtliche Kosten verrechnet (zum Beispiel auch die Heizkosten des Schulungsraums einer internen Weiterbildung auf den Kostenträger Weiterbildung). Im Gegensatz dazu betrachtet die Teilkostenrechnung nur Kosten, die sich unmittelbar auf die Erstellung einer spezifischen Leistung beschränken (Kosten des Seminars). Alle Kosten, bei denen sich keine direkte und willkürfreie Beziehung zur Dienstleistung/zum Produkt herstellen lässt, werden als Block in einem so genannten Deckungsbetrag pauschal ausgewiesen.

@ Einen Vergleich Voll- versus Teilkostenrechnung finden Sie unter www.personal-office.de/randstad.

Die Aufgaben der Personalkostenplanung

Sinn jeder Kostenplanung ist es, einen Überblick über die zu erwartenden Kosten der nächsten Planungsperiode zu erhalten. Dabei müssen alle Kostenarten berücksichtigt werden.

Um bei den anfallenden Personalkosten das genaue, sinnvolle Sparpotenzial zu ermitteln, muss zunächst Kostentransparenz hergestellt werden. Anschließend werden Möglichkeiten zur Kostensenkung herausgearbeitet.

Eine gezielte Personalkostenplanung

- gibt Prognosen zur Entwicklung der Personalkosten,
- stellt einen Kostenvergleich zwischen Soll- und Ist-Kosten her,
- gibt Prognosen für Löhne, Gehälter und andere Kostenbestandteile für vakante und besetzte Planstellen, etwa basierend auf den regelmäßigen Grundgehältern oder auf Abrechnungsergebnissen.

> ■ *Tipp: Schätzen Sie noch ungewisse Kosten*
>
> *Um sinnvolle Aussagen zu erhalten, sollten Sie auch ungewisse Kostenarten schätzen. Es ist auf jeden Fall besser, einen Schätzwert zu haben als gar keine Angaben.* ■

Nachstehende Checkliste hilft Ihnen, bei der Kostenplanung gezielt vorzugehen.

Checkliste: Wie sieht eine Kostenplanung aus?

▪ Legen Sie den Informationsbedarf für die Kostenplanung fest (Daten/ Quellen).	
▪ Informieren Sie die Fachabteilungen (z.B. durch das Controlling).	
▪ Lassen Sie vorgegebene Abgabetermine durch das Controlling überwachen.	
▪ Geben Sie Richtlinien und Unternehmensziele, die Einfluss auf die Kostenentwicklung haben, an das Controlling weiter.	
▪ Überprüfen Sie die angegebenen Planzahlen auf ihre Plausibilität und auf ihre Übereinstimmung mit den vorgegebenen Zielen.	
▪ Erstellen Sie einen Kostenplan.	
▪ Verteilen Sie die Jahreswerte auf die Planperiode (meist bietet sich eine Aufschlüsselung nach Monaten an).	
▪ Stimmen Sie die Kostenplanung mit den übrigen Plänen ab.	

 Ein Musterformular zur Planung von Personalkosten finden Sie unter www.personal-office.de/randstad.

Kostenkategorien

Zur Planung der Personalkosten gehören die Planung aller Löhne und Lohnanteile, die Planung der Gehälter sowie die Planung der Lohnneben- und Zusatzkosten. Die Personalkostenplanung kann sich dabei auch auf einzelne Teilbereiche beziehen. Sinnvolle Kategorien sind beispielsweise die Kosten-planung

- der Personalbeschaffung (Kalkulation zukünftiger Be-schaffungsmaßnahmen, Kosten für Personalwerbung, Personalbeurteilung und -auswahl etc.),
- des Personaleinsatzes (Entgelte, Nebenkosten und Zu-satzkosten),
- der Personalerhaltung (Kosten für Personalverwaltung oder die Erstellung und Pflege von Anreizsystemen),
- der Personalentwicklung (Kosten für Aus-, Fort- und Weiterbildung),
- der Personalfreistellung (Ausgleichszahlungen, Abfindun-gen etc.).

! Voraussetzung für den Aufbau eines Systems zur Analyse und Planung der Personalkosten ist eine möglichst exakte und umfassende Systematisierung und Erfassung sämtlicher Aufwendungen, die im Zusammenhang mit dem Personal entstehen. Ab einer bestimmten Unter-nehmensgröße bietet sich hierfür natürlich die Verwendung einer speziellen Erfassungs- bzw. Buchhaltungssoftware an.

Die Planung der Personalkosten setzt eine abgeschlossene Personalplanung voraus. Der sich daraus ergebende durch-schnittliche Personalbestand im Planjahr wird mit dem er-warteten Lohn (Gehalt) je Beschäftigten bewertet. Der er-wartete Lohn lässt sich aus Ist-Löhnen, Ist-Personalbestand und voraussichtlicher Tarifsteigerung berechnen.

→ Eine ausführliche Anleitung zur Planung des Personal-
bedarfs bietet der Taschenguide Personalplanung.

Kostenplanung durch Budgetierung

Einer der sichersten Wege, um Personalkosten planbar zu
machen, ist die Budgetierung. Im Rahmen der unternehme-
rischen Gesamtplanung wird der gewünschte Erfolg für die
nächste Periode festgelegt. Dieser Erfolg bildet den Rahmen
für die Bestimmung der einzelnen Budgets.

Budgets bilden die Grundlage für die Planung der konkreten
Maßnahmen (Aktionsplanung) und dienen zudem der Über-
prüfung der Wirksamkeit einzelner Maßnahmen (Fort-
schritts- und Ergebniskontrolle). Einem Budget lassen sich
dementsprechend vier Funktionen zuordnen:

- Autorisierung (z.B. für bestimmte Ausgaben)
- Vorhersage (z.B. einer Entwicklung, die Ausgaben erfordert)
- Planung (z.B. der Mittel für bestimmte Ziele)
- Messung (z.B. als Bezugsgröße für vergleichende Analysen)

Strategien

> **!** Grundsätzlich unterscheidet man bei der Kosten-
> planung im Rahmen der Budgetierung zwei Wege:

- von oben nach unten (top-down Strategie)
- von unten nach oben (bottom-up Strategie)

Die nachstehende Übersicht verdeutlicht Ihnen die Vorgehensweise beider Strategien.

Übersicht: Zwei Strategien der Kostenplanung

top-down	bottom-up
Planen Sie den Gesamterfolg Ihres Unternehmens.	Legen Sie für die Personalkosten einzelne Kostenarten und Kostenstellen fest.
Planen Sie die gesamten Personalkosten Ihres Unternehmens.	Diskutieren Sie die Kosten je Kostenart und Kostenstelle mit Personalverantwortlichen, Führungskräften, Betriebsrat etc.
Verteilen Sie die Gesamtkosten auf einzelne Kostenarten (z.B. Löhne, Gehälter, Sonderzahlungen, Rekruitingkosten, Weiterbildungskosten etc.)	Addieren Sie die im Gespräch ermittelten Werte.
Verteilen Sie die Kostenwerte auf einzelne Kostenstellen (z.B. einzelne Abteilungen oder Funktionsbereiche, für die Kosten gesammelt werden).	Erstellen Sie auf Grundlage der ermittelten Werte einen Budgetplan.
Diskutieren Sie die ermittelten Vorgabewerte mit Personalverantwortlichen, Führungskräften, Betriebsrat etc.	Erstellen Sie einen Gesamtkostenplan Ihres Unternehmens.

top-down	bottom-up
Addieren Sie die in der Diskussion ermittelten Werte zu den Unternehmenswerten.	Vergleichen Sie den Budgetplan mit dem Gesamtkostenplan.
Vergleichen Sie die Summe mit den Vorgabewerten. Bei Abweichungen ist entweder der Gesamtplan anzupassen oder die Budgets sind neu zu verteilen.	Korrigieren Sie bei Abweichungen entweder den Gesamtplan oder verteilen Sie die Budgets neu.

■ *Tipp: Planen Sie Unvorhergesehenes mit ein*

Bei der Budgetierung sollten Sie immer auch unerwartete Veränderungen der Prämissen, auf denen Budgets beruhen (z.B. Streiks oder längerer Ausfall eines Mitarbeiters wegen Krankheit) in Form einer Plan- und Budgetrevision mit einplanen. ■

Grundsätzlich gilt: Budgetiert werden sollten nur Kosten, die für einzelne Abteilungen auch tatsächlich beeinflussbar sind. Die Kosten, die nicht von Abteilungen beeinflusst werden können (z.B. Raum- und Energiekosten oder andere Umlagen), sollten als getrennter Kostenblock erfasst und analysiert werden.

Effiziente Budgetkontrolle

Dem Budgetplan muss immer die Budgetkontrolle folgen. Darunter versteht man den Prozess des laufenden Vergleichs, der Abstimmung und gegebenenfalls auch Anpassung der

Soll-Zahlen des Budgets an die ermittelten Ist-Zahlen. Abweichungen müssen analysiert werden und in die neuen Plandaten einfließen.

Die nachstehende Checkliste zeigt Ihnen mögliche Ansatzpunkte für eine umfassende Budgetkontrolle.

Checkliste: So kontrollieren Sie Ihr Budget

▪ Erfolgt die Stundenkontierung bzw. die Arbeitsberichterstattung korrekt?	
▪ Wird der Verbrauch von Betriebsmitteln berichtet?	
▪ Sind Kostensätze je Tätigkeit festgelegt?	
▪ Wird verursachergerecht weiterverrechnet?	
▪ Wird permanent ein Soll-Ist-Vergleich vorgenommen?	
▪ Welche Abweichungen sind sichtbar?	
▪ Werden Ursachen für Kostenabweichungen ermittelt?	
▪ Wie ist der Stand der offenen Rechnungen?	
▪ Kann das Budget gehalten werden?	
▪ Was wird unternommen, um das Budget zu halten?	

▪ *Tipp: Nutzen Sie Softwaretools zur Budgetkontrolle*

Es gibt unzählige Anbieter, die Ihnen die Budgetkontrolle vereinfachen. Eine Excel-Lösung bietet die CD-ROM „Budgetkontrolle leicht gemacht" von SmartTools Publishing. Die Arbeitsmappen sind auch für Einsteiger geeignet und können an individuelle Bedürfnisse angepasst werden. Weitere Informationen unter www.add-in-world.com. ▪

Controlling der Kostenentwicklung

Das Controlling steuert die Umsetzung der Unternehmens-Ziele und evaluiert ihre Erreichung. In seiner Service-Funktion für das Management weist das Controlling spiegel-bildlich zur Vielschichtigkeit der Führungsaufgaben mehrere Ebenen auf. Grundsätzlich unterscheidet man zwischen operativem und strategischem Controlling. Während sich das strategische Controlling mit langfristigen Fragestellungen von hoher Komplexität auseinander setzt, beschäftigt sich das operative Controlling mit monetären Unternehmenszielen.

> ■ *Hintergrund: Controlling darf nicht mit Kontrolle übersetzt werden. Das Controlling gestaltet, koordiniert und begleitet den Management-Prozess, der die Phasen Zielfindung, Planung, Steuerung und Kontrolle umfasst. Es trägt Mitverantwortung für die Zielerreichung und sorgt für Strategie-, Ergebnis-, Finanz- und Prozesstransparenz. Controlling in dieser Form trägt somit zu höherer Wirtschaftlichkeit bei.* ■

 Einen Vergleich beider Controllingarten finden Sie unter www.personaloffice.de/randstad.

Die Aufgaben des Personalcontrolling

Die Hauptaufgabe des Personalcontrollings besteht darin, der Unternehmensführung Planungs-, Informations-, Steuerungs- und Kontrollinstrumente bereitzustellen, die einen zielgerichteten Einsatz des Faktors Personal ermöglichen. Die Anwendungsfelder des Personalcontrollings sind damit weitgehend mit den Aufgaben der betrieblichen Personalarbeit identisch.

Wesentliche Funktionen sind

- die systematische Erhebung relevanter Informationen zur zielgerechten Steuerung des Personaleinsatzes,
- die Unterstützung der Planungs- und Entscheidungsvorgänge im Personalwesen,
- die Erfolgskontrolle der Personalarbeit.

> **!** Personalcontrolling wird im Idealfall als Regelkreis begriffen, der Planungsgrößen immer wieder mit der Realität konfrontiert, über Soll-Ist-Vergleiche Plan- und Ergebnisdaten auswertet und Korrekturen ermöglicht.

Der Controlling-Prozess

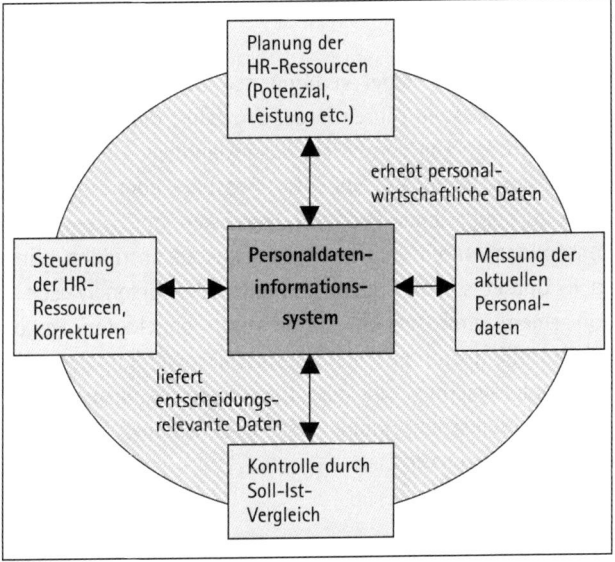

Quelle: Deutsche Gesellschaft für Personalführung, DGFP, 2001

Die Funktionsweise eines Kostencontrollingsystems

Ein Kostencontrollingsystem steuert die Kostenentwicklung des Unternehmens, indem es regelmäßig Ist- mit Plan-Werten vergleicht, die Ursachen von möglichen Abweichungen analysiert und Gegenmaßnahmen daraus entwickelt.

! Neben quantitativen (monetären und primär statistischen) Daten sollte ein umfassendes Personalcontrollingsystem immer auch Daten so genannter „mittlerer bis geringer Härte", d.h. weiche Faktoren oder qualitativ-immaterielle Größen berücksichtigen (z.B. Erfolge betrieblicher Weiterbildung).

Die damit in der Regel verbundenen Schwierigkeiten der objektiven Messung führen in der Praxis oft dazu, dass qualitative Größen von vornherein ausgeklammert werden, also eine Beschränkung auf eindeutig messbare oder zumindest leicht zu beurteilende Größen in Kauf genommen wird. Die Konsequenz ist ein reines Personalkostencontrolling, eine Sach- und Personalkostensteuerung für das Personalwesen.
Von einem umfassenden, systematisch angelegten Personalcontrolling kann erst dann gesprochen werden, wenn ein Kennzahlensystem entwickelt ist, das auch die für die Personalarbeit typischen, immateriellen Ursachen-, Wirkungs- und Nutzenketten erfasst.

> ■ *Tipp: Fragen Sie immer auch nach der Effizienz*
>
> *Achten Sie darauf, dass Ihr Personalcontrolling Fragen nach Effektivität und Effizienz mit einbezieht – gerade in Anbetracht der Mittel, die Sie für solche Aktivitäten ausgeben.* ■

 Ein Musterformular zum Entgeltcontrolling finden Sie unter www.personal-office.de/randstad.

Einsatz von Analyse- und Steuerungsinstrumenten

Es gibt eine Vielzahl von Analyse- und Steuerungsinstrumenten, derer sich das Controlling bedient. Schwerpunkt des Personalcontrollings ist für gewöhnlich das kennzahlengestützte (quantitative) Controlling. Das bedeutet jedoch nicht, dass qualitative Aspekte unberücksichtigt bleiben. Einige Instrumente wie etwa die Balanced Scorecard finden sowohl auf quantitative als auch auf qualitative Aufgaben und Daten Anwendung.

So arbeiten Sie mit Kennzahlen

Kennzahlen können definiert werden als Zahlen, die Informationen über betriebswirtschaftliche Tatbestände in konzentrierter Form beinhalten. Sie informieren schnell und prägnant über ökonomische Sachverhalte. Kennzahlensysteme, also die integrierte Betrachtung ermittelter Kennzahlen, werden auf unterschiedliche Weise eingesetzt: Zur Bewertung von Produkten, um die Performance eines Unternehmens zu veranschaulichen, im Controlling oder als Entscheidungsgrundlage bei der Planung.

 Eine Beschreibung geläufiger Kennzahlensysteme finden Sie unter www.personal-office.de/randstad.

Balanced Scorecard

Die Balanced Scorecard ist ein im deutschen auch als „ausgewogenes Kennzahlensystem" bezeichnetes Instrument, das die Unternehmensstrategie in messbare Zielvorgaben – also Kennzahlen – umsetzt.

Grundsätzlich steckt die Balanced Scorecard (BSC) vier Perspektiven ab:

- die Finanzen
- die Kundenbeziehungen
- die internen Prozesse
- die Innovations- und Lernfähigkeit

Der BSC-Ansatz hebt vor allem hervor, dass eben nicht nur finanzielle, harte Zielkennzahlen angesteuert werden, sondern ausgewogen auch weiche Größen wie Kundenzufriedenheit, Stammkundentreue, Mitarbeiterzufriedenheit. Wie grundsätzlich bei Management by Objectives (Führung durch Ziele) geht es darum, die Zielgrößen des Unternehmens herunterzubrechen in passende Einzelziele für die Bereiche, Abteilungen und Teams. Folglich muss jeder dieser Bereiche auch seine eigene Scorecard haben.

Nachstehende Checkliste zeigt, was Sie bei der Implementierung einer Balanced Scorecard berücksichtigen sollten.

Checkliste: Wie Sie eine Balanced Scorecard einführen

▪ Haben Sie eine klare intern und extern kommunizierte Vision?	
▪ Welche Ziele sollen persönlich und/oder funktions-spezifisch erreicht werden? (Vorgaben, Soll-Ergebnisse)?	
▪ Gibt es Maßnahmen zur Verwirklichung Ihrer Strategie, die schnell und problemlos umsetzbar sind?	
▪ Wissen Sie, welche Ziele Sie zukünftig verfolgen möchten?	
▪ Kennen Sie die Beziehungen zwischen den Zielen?	
▪ Gibt es schon regelmäßige Messungen? Was kann man davon übernehmen?	
▪ Gibt es bei Ihnen Kundenziele, Mitarbeiterziele etc., die auch messbar sind und gemessen werden?	
▪ Sind die Kennzahlen zur Messung der Ziele klar, verständlich und nachvollziehbar?	
▪ Gibt es bei Ihnen Zielvorgaben, die bei Erfüllung zu einem Gehaltsbonus führen (variable Vergütung)?	
▪ Lassen sich Kennzahlen zusammenführen, um bei einer überschaubaren Menge zu bleiben?	
▪ Sind Ihre Systeme in der Lage, die für die BSC notwendigen Informationen in den vorgesehenen Intervallen zu liefern?	

→ Weiterführende Informationen zur Balanced Scorecard bietet der Taschenguide Personalplanung.

Die Überprüfung mithilfe von Audits

Ein Audit ist eine systematische unabhängige Untersuchung, um festzustellen, ob die Arbeitsabläufe und damit zusammenhängende Ergebnisse den geplanten Anforderungen entsprechen. Mit Hilfe von Audits soll festgestellt werden, ob bestimmte Zustände, Vorgehensweisen und Ergebnisse ordnungsgemäß und plangetreu sind. Beim Audit geht es nicht unmittelbar um Steuerung, sondern eher um Nachprüfung und Zertifizierung der Regeltreue. Personalaudits beispielsweise sollen untersuchen, ob im Personalbereich konform und wirtschaftlich gehandelt wird/wurde. Oftmals dient ein betriebsspezifischer, maßgeschneiderter Fragenkatalog dazu, ein Problemgebiet zu analysieren.

! Bisher gibt es kein standardisiertes oder allgemein akzeptiertes Procedere für Personalaudits.

Im Grunde kann alles in Form eines Audits erfasst und analysiert werden, was zu tun hat mit

- der Einhaltung von betrieblichen, tariflichen oder gesetzlichen Vorschriften,
- der sparsamen Mittelverwertung bzw. -verwendung,
- definierten Bestandsgrößen oder eventuellen Neuentwicklungen (z.B. Qualifikationsstruktur, Unfallhäufigkeit, Fluktuationsrate, Fehlzeitenquote, Betriebsklima),

- der Bewährung von Systemen (z.B. Inanspruchnahme eines Cafeteria-Modells, Anzahl der Bewerbungen pro Stellenanzeige),
- Entscheidungsbedarf (z.B. Budgetüberschreitungen).

Richtig angewandt bewahren Audits vor Fehlentscheidungen. Nachfolgende Tabelle gibt Ihnen einen Überblick über Risiken und Chancen, die die Durchführung eines Audits mit sich bringt.

Übersicht: Risiken und Chancen von Audits

Risiken	Chancen
Hohe Grundkosten und hohe laufende Kosten	Kundensicherung bei „zertifikatsgläubigen" Kunden
Bürokratismus	Rechtzeitiges Erkennen von Marktchancen durch Vermeiden von Doppelarbeit
Auditierung als Selbstzweck	Gesetzte Qualitätsziele fordern alle Mitarbeiter
Eigeninteressen der Auditoren	Optimierung bzw. Reorganisation überholter, kostenintensiver und fehlerträchtiger Abläufe
Kein unmittelbarer Wettbewerbsvorteil erzielbar	Einstieg in neue Maßstäbe, die Schwachstellen erkennen lassen
Interne Absicherungsmentalität behindert die Durchführung	Motivationsschub durch Stolz über eigene Leistung

Ein umfassendes Anbieterverzeichnis von Auditoren finden Sie unter www.auditorenpool.de.

Leistungssteigerung durch Benchmarking

Die Alternativbezeichnung „best practice" für „Benchmarking" lässt erkennen, dass es sich hierbei nicht um einen theoretischen Entwurf handelt, sondern um die Suche nach vorbildlichen Modellen in der Praxis. Oft wird beim Benchmarking ein Wettbewerber als Vorbild gewählt, es ist aber auch möglich, im eigenen Unternehmen nach Bereichen zu suchen, die hervorragende Problemlösungen gefunden haben.

Übersicht: Der Benchmarkingprozess

1. Vorbereitung
– Gegenstand des Benchmarking festlegen
– Leistungsbeurteilungsgrößen festlegen (finanzielle Größen, Zeitgrößen oder Mengengrößen)
– Vergleichsunternehmen suchen (z.B. Wettbewerber)
– Informationsquellen ausmachen (z.B. Geschäfts- und Presseberichte, Prospekte, Internetauftritt etc.)
2. Analyse
– Leistungslücke im Vergleich zum Benchmarkingpartner ausmachen
– Ursachen der Leistungslücke feststellen
3. Umsetzung
– Ziele und Strategien erarbeiten
– Aktionspläne aufstellen
– Verbesserung im Unternehmen implementieren
– Fortschrittskontrolle durchführen
– Benchmarking wiederholen

! Benchmarking ist nicht als einmalige Aktion gedacht, sondern als ein auf Dauer angelegtes Programm zur Suche nach Verbesserungsmöglichkeiten.

Beispiel:

Zwei Konzern-Tochtergesellschaften in Deutschland (A) und Spanien (B) sind weitgehend vergleichbar. Während Unternehmen A zehn Personen in der Buchhaltung beschäftigt, kommt B mit nur fünf Beschäftigten aus. Um herauszufinden, warum das so ist, entscheidet sich die Konzernleitung, ein Benchmarking durchzuführen. Die Abläufe in den Unternehmen A und B werden beschrieben, analysiert und verglichen. Dabei werden die verfügbaren Mittel (z.B. Art, Alter der benutzten EDV-Systeme) ermittelt und auch die Personaldaten verglichen (Ausbildungsstand, Berufserfahrung, verbrachte Zeit in dieser Position, Arbeitszeiten etc). So werden die Schwachstellen von A deutlich.

Softwarelösungen für die Personalkostenanalyse

Es gibt unzählige Softwarelösungen, die Unternehmen die Erfassung, Analyse und Auswertung von Personaldaten erleichtern. Die Angebotspalette reicht von einfachen Lohnerfassungs- und Gehaltsabrechnungssystemen über Instrumente zur Personalkostenanalyse bis hin zu umfassenden Personalinformations- und -managementsystemen.

■ *Tipp: Halten Sie sich auf dem Laufenden*

Gerade bei der Personalsoftware gibt es ständig Neuerungen und Innovationen. Einen guten Überblick erhalten Sie außer in einschlägigen Fachzeitschriften auch auf den jährlichen HR-Messen, wie der DGFP Messe „Personal und Weiterbildung" (www.dgfp.com), der „Personal" Fachmesse für Personalmanagement in Frankfurt (www.personal-messe.de) oder der „MUWIT" IIR Kongressmesse für Weiterbildung und Personalentwicklung in Berlin (www.muwit.de). ■

@ Eine Übersicht über Fachzeitschriften aus dem Bereich PC/IT und Personal, die regelmäßig Personalsoftwareempfehlungen geben, finden Sie unter www.personaloffice.de/randstad.

! Unternehmen können sowohl auf Fertigprodukte kleinerer und größerer Softwareanbieter zurückgreifen oder aber frei skalierbare Individuallösungen nach eigenen Vorstellungen anfertigen lassen. Nicht immer sind Fertigprodukte die günstigere Lösung.

■ *Tipp: Nutzen Sie Testzugänge und Demoversionen*

Bevor Sie sich für eine bestimmte Software entscheiden, sollten Sie diese testen. Die meisten Anbieter bieten Test- oder Demoversionen, die Sie kostenlos nutzen können. Eine praktische Übersicht bietet der Softwareführer Softguide (www.softguide.de). Hier erhalten Sie eine umfassende Übersicht über sämtliche Softwareangebote und können kostenlose Demo-Downloads nutzen. ■

Worauf Sie bei der Auswahl einer Personalsoftwarelösung achten sollten, verdeutlicht die folgende Checkliste.

Checkliste: So entscheiden Sie sich für die richtige Personalsoftware

▪ Kann die Software bereits im Vorfeld an die individuellen Bedürfnisse angepasst werden (Feinkonzept des Systempartners)?	
▪ Können kleinere Änderungen später auch ohne komplexes IT-Know-how vorgenommen werden?	
▪ Ist die Software kompatibel mit Ihrer IT-Landschaft (Lauffähigkeit auf vorhandenen Systemen)?	
▪ Ist eine einfache Integration in Office-Produkte möglich (z.B. Textverarbeitung oder Tabellenkalkulation, E-Mail)?	
▪ Kann die Softwarelösung auf den neusten Stand gebracht werden, ohne dass alle Einstellungen überarbeitet werden müssen?	
▪ Wie oft werden Updates benötigt und wie teuer sind diese?	
▪ Ist die Software unter den Gesichtspunkten der Softwareergonomie empfehlenswert (Handhabung für Mitarbeiter)?	

→ Informationen zum Thema Softwareergonomie finden Sie im Taschenguide Gesundheit & Arbeitsschutz.

@ Ein Verzeichnis ausgewählter Personalsoftwarelösungen mit Funktionsübersicht finden Sie unter www.personal-office.de/randstad.

Softwaretools für die Analyse der Personalkosten

Softwaretools zur Personalkostenanalyse helfen, den Faktor Personalkosten besser zu planen. Anhand von Hochrechnungen für einen definierbaren Zeitraum ermitteln diese Programme unter Berücksichtigung von Sonderzahlungen, Personalein- und -austritten etc. die zu erwartende Belastung für das Jahresbudget, wobei verschiedene Szenarien durchgespielt werden können. Die relevanten Daten können aus jeder beliebigen Lohnsoftware ermittelt werden.

> ■ *Tipp: Planen Sie die Personalkosten mit Simulationen*
>
> *Achten Sie darauf, dass Ihr Programm für die Hochrechnung der Personalkosten auch über interaktive Simulationsmöglichkeiten verfügt. Simulationen sind ein erstklassiges Planungsinstrument.* ■

! Ein besonders interessantes Personalkostenanalyse-Tool stellt der Personaldienstleister Randstad für Unternehmen im Internet kostenlos zur Verfügung. Dieses Analyseinstrument ermöglicht, verfügbare Personalkapazitäten und die dazu gehörigen Kosten auf Basis der konkreten Unternehmenswerte exakt zu berechnen. Unternehmen erfahren so, wie stark nominelle und effektive Arbeitszeit differieren und was dies für die Kosten- und Kapazitätsbetrachtung bedeutet. Durch die Einbeziehung der indirekten Personalkosten erhält der Arbeitgeber eine umfassende Vollkostenrechnung. Auch die konkrete Auslastungssituation im Jahresverlauf ist darstellbar.

 Weitere Informationen und kostenlose Anmeldung unter www.personalkostenanalyse.de.

Reduzierung von Personalkosten

Unternehmern steht eine breite Palette abgestufter und kombinierbarer Instrumente zur Verfügung, um kurzfristig oder auf lange Sicht Personal kostensparend einzusetzen. Dieses Kapitel zeigt Ihnen

- welche Maßnahmen Sie ergreifen können, um kurz-, mittel- und langfristig Personalkosten zu sparen,
- welche gesetzlichen Vorgaben Sie bei diesen Maßnahmen beachten sollten,
- wie Sie mithilfe einer vorausschauenden Personalplanung das Kosten-Leistungs-Verhältnis in Ihrem Unternehmen nachhaltig verbessern.

Mit Checklisten zur betriebsbedingten Kündigung (s. Seite 64) und zur Fehlzeitenanalyse (s. Seite 71).

Kurzfristige Einsparpotenziale

Es gibt einige Maßnahmen, die Arbeitgeber einsetzen können, um Personalkosten kurzfristig zu senken. Dabei zählt die Nutzung von steuerfreien Vergütungsbestandteilen zur Senkung der Lohnzusatzkosten zu den effektivsten Methoden.

Daneben gibt es noch eine Reihe anderer kurzfristiger Maßnahmen, mit denen sich Kosten reduzieren lassen. Sie zeichnen sich dadurch aus, dass unmittelbar und einseitig an der Personalkosten-Schraube gedreht wird.

! Doch Vorsicht: Einseitige und kurzfristige Maßnahmen sind selten der beste Weg – auch weil sie sich oft nur schwer arbeitsrechtlich umsetzen lassen.

1. Maßnahme: Überstunden abbauen

Statt Überstunden von Mitarbeitern zu vergüten, kann der Arbeitgeber diese auch durch Freizeitausgleich abbauen. Das bietet sich vor allem in Zeiten niedriger Auftragsauslastung an – und spart Geld.

§ Zulässig ist ein Freizeitausgleich nach einschlägigen Urteilen des Bundesarbeitsgerichts (BAG) allerdings nur, wenn er im Arbeits- und Tarifvertrag, einer Betriebsvereinbarung oder durch Absprache im Einzelfall vereinbart ist. Der Arbeitgeber kann den Zeitpunkt des Freizeitausgleichs festlegen. Allerdings muss er den Termin rechtzeitig ankündigen, damit der Mitarbeiter entsprechend planen kann. Es empfiehlt sich eine Ankündigungsfrist von mindestens vier Tagen einzuhalten.

Beispiel:
Herr Gerlitz ist Bürokaufmann in einem Versicherungsunternehmen. Für jede geleistete Überstunde steht ihm ein Überstundenzuschlag von 25 % zu. Will sein Arbeitgeber die Überstunden in Freizeitausgleich umwandeln, so muss er Herrn Gerlitz für jede Überstunde eine Stunde und 15 Minuten gewähren (bei 50 % Überstundenzuschlag wären es eine Stunde und 30 Minuten, bei 100 % zwei Stunden).

! Zahlt der Arbeitgeber Überstundenzuschläge, muss der Freizeitausgleich entsprechend höher ausfallen.

@ Urteilstexte zu diesem Thema finden Sie unter www.personal-office.de/randstad.

2. Maßnahme: Kurzarbeit einführen

Wenn eine Flaute länger andauert und der Abbau von Überstunden allein nicht ausreicht, kann es sich anbieten, Kurzarbeit einzuführen. Bei Kurzarbeit wird für einen bestimmten Zeitraum die regelmäßige Arbeitszeit – und entsprechend auch die Vergütung – der Mitarbeiter heruntergesetzt.

§ Die Bundesagentur für Arbeit gleicht den Verdienstverlust der Mitarbeiter unter bestimmten Voraussetzungen durch die Zahlung von so genanntem Kurzarbeitergeld (§§ 169 ff. SGB) aus.

Voraussetzungen für die Zahlung von Kurzarbeitergeld sind:

- Durch den Arbeitsausfall muss sich das Arbeitsentgelt in dem Monat, für den Kurzarbeitergeld beantragt wird, für ein Drittel der im Betrieb beschäftigten Arbeitnehmer um mehr als zehn Prozent verringern.
- Der Arbeitsausfall muss auf wirtschaftlichen Gründen (Auftragsmangel) oder unabwendbaren Ereignissen (Naturkatastrophen, Bränden etc.) beruhen. Kein Anspruch besteht, wenn der Arbeitsausfall branchen-, betriebsüblich oder saisonbedingt ist.

- Es muss sich um einen nur vorübergehenden Arbeitsausfall handeln. Das heißt, der Betrieb muss in absehbarer Zeit wieder zur Normalarbeitszeit zurückkehren. Die Höchstbezugszeit beträgt in 2005 insgesamt zwölf Monate (in 2004: 15 Monate).
- Der Arbeitsausfall muss unvermeidbar sein. Offene Urlaubsansprüche und flexible Arbeitszeitregelungen müssen bereits ausgeschöpft sein. Auch Produktion auf Lager muss eventuell in Erwägung gezogen werden.
- Das Arbeitsverhältnis muss auch nach der Kurzarbeit fortbestehen. Dem Arbeitnehmer darf weder gekündigt, noch darf ein Auflösungsvertrag geschlossen werden.

! Kurzarbeit darf der Arbeitgeber nicht einseitig einführen. Er muss sich mit jedem einzelnen Mitarbeiter einigen. Lehnt ein Mitarbeiter die Kurzarbeit ab, bleibt nur der Weg über eine Änderungskündigung.

§ Auf jeden Fall sollte der Arbeitgeber den Betriebsrat einschalten. Bei Einführung von Kurzarbeit gilt das Mitbestimmungsrecht (§ 87 Abs. 1 Nr. 3 BetrVG).

- *Tipp: Nehmen Sie eine Klausel zur Einführung von Kurzarbeit in den Arbeitsvertrag auf*

Nehmen Sie die Möglichkeit, einseitig Kurzarbeit anzuordnen, in Ihre Arbeitsverträge auf. Das verbessert Ihren Handlungsspielraum erheblich. Eine entsprechende Formulierung könnte sein: „Der Arbeitgeber ist berechtigt, aus betrieblichen Gründen mit einer Ankündigungsfrist von sieben Tagen eine Verkürzung der Arbeitszeit für den ganzen Betrieb oder einzelne Abteilungen einzuführen. Entsprechend der Arbeitszeitverkürzung reduziert sich der Vergütungsanspruch."

3. Maßnahme: Gehälter kürzen

Das vertraglich vereinbarte Arbeitsentgelt kann der Arbeitgeber – im Gegensatz zu freiwilligen Sozialleistungen – nur einvernehmlich mit dem Mitarbeiter kürzen. In den seltensten Fällen stimmen Mitarbeiter ohne Weiteres einer Kürzung zu.

> ■ *Tipp: Gehen Sie mit gutem Beispiel voran*
>
> *Versuchen Sie im Fall der Fälle an die Vernunft Ihrer Mitarbeiter zu appellieren. Weisen Sie darauf hin, dass zum Erhalt des Unternehmens und der Arbeitsplätze Opfer notwendig sind. Gehen Sie mit gutem Beispiel voran, indem Sie Ihr eigenes Gehalt reduzieren.* ■

Voraussetzungen für eine Änderungskündigung

Wenn alle anderen Maßnahmen zur Kostensenkung ausgeschöpft sind und ohne Lohnkürzungen betriebsbedingte Kündigungen oder gar die Stilllegung eines Unternehmens unvermeidlich sind, kann ein Arbeitgeber auf einer Änderungskündigung zwecks Lohnkürzung bestehen.

§ Allerdings müssen die Voraussetzungen im konkreten Streitfall belegt werden. In der Praxis ist das häufig schwer. Beachtet werden sollte zudem, dass im Rahmen einer Änderungskündigung jede einzelne Änderung sozial gerechtfertigt sein muss. Die Änderungskündigung ist laut einschlägigen Urteilen verschiedener Landesarbeitsgerichte (LAG) insgesamt unwirksam, wenn sich nur eine Änderung sozial nicht rechtfertigen lässt.

Beispiel:
Der Chef einer Großwäscherei begründet die Änderungskündigung eines Arbeitnehmers mit Sanierungsbedarf. Sein Änderungsangebot sieht eine Entgeltkürzung vor. Gleichzeitig möchte der Chef, wenn er schon einmal dabei ist, gleich noch ein paar andere Dinge korrigieren. In der Änderungskündigung führt er neu einen Widerrufsvorbehalt für das Weihnachtsgeld ein und ändert auch die Arbeitszeiten. Da der Sanierungseffekt dieser Änderungen nicht ersichtlich ist, ist die Änderungskündigung insgesamt anfechtbar.

 Relevante Urteile zum Thema Änderungskündigung finden Sie unter www.personal-office.de/randstad.

4. Maßnahme: Personal abbauen

Eine weitere Maßnahme, um kurzfristig Kosten abzubauen, ist der Personalabbau. Doch das Unternehmen verliert mit Mitarbeitern immer auch Know-how und Erfahrung. Mitunter kann dies zu extremen Qualitätseinbußen führen und den Umsatz beeinflussen. Kommen wieder bessere Zeiten, müssen neue Mitarbeiter gesucht und eingestellt werden. Diese brauchen in der Regel eine längere Einarbeitungszeit, bis sie ähnlich gute Leistung bringen, wie die früheren, entlassenen Mitarbeiter.

! Zudem wirkt sich der Personalabbau immer auch negativ auf die verbleibenden Mitarbeiter aus. Dies kann zu Verunsicherung und Motivationsverlust führen. Gleichzeitig kann für ein Unternehmen ein schwerwiegender Imageschaden bei Kunden und in der Öffentlichkeit entstehen.

Um Personalabbau zu vermeiden, sollten Unternehmen schlank und beweglich bleiben – und eventuell alternative

Beschäftigungsmöglichkeiten nutzen. Auch ein sanfter, langfristiger Personalabbau kann sinnvoll sein.

> ■ *Nutzen Sie schonende Möglichkeiten des Personalabbaus*
>
> *Wenn Sie schon Personal entlassen müssen, sollten Sie immer prüfen, ob Sie den Abbau nicht sanft vollziehen können. Machen Sie sich beispielsweise die Mitarbeiterfluktuation zu Nutze: Mitarbeiter, die altersbedingt ausscheiden oder sich beruflich verändern, werden nicht mehr ersetzt. Dies führt auf lange Sicht zu Kostenersparnis – ohne Negativwirkung.* ■

 Eine umfassende Checkliste zum Personalabbau finden Sie unter www.personaloffice.de/randstad.

Voraussetzungen für eine betriebsbedingte Kündigung

Wenn Personalabbau unvermeidlich ist, sollten einige Aspekte berücksichtigt werden. Die nachfolgende Checkliste zeigt Ihnen, ob eine betriebsbedingte Kündigung möglich ist. Können Sie alle Fragen mit Ja beantworten, kommt eine betriebsbedingte Kündigung in Betracht.

Checkliste: Sind die Voraussetzungen für eine betriebsbedingte Kündigung erfüllt?

■ Liegen inner- oder außerbetriebliche Umstände vor, auf die mit einer unternehmerischen Entscheidung reagiert werden musste?	
■ Sind diese Umstände ein betriebsbedingter Kündigungsgrund? (Zu diesen Umständen gehören u.a. Absatzschwierigkeiten, Auftragsmangel, Betriebs- oder Teilbetriebsstilllegung, Fremdvergabe, Gewinnrückgang, Rationalisierungsmaßnahmen, Umsatzrückgang, Wetter/Witterung)?	
■ Führt die unternehmerische Entscheidung zum Wegfall eines Arbeitsplatzes?	
■ Ist eine Versetzung des Mitarbeiters an einen freien und vergleichbaren Arbeitsplatz im Betrieb nicht möglich (auch nicht in absehbarer Zeit oder nach Umschulung/Fortbildung)?	
■ Besteht kein anderer Arbeitsplatz im Betrieb, der dem Mitarbeiter angeboten werden kann?	
■ Sind alle vergleichbaren Mitarbeiter des Betriebs in die Sozialauswahl miteinbezogen worden?	
■ Sind die sozialen Kriterien (Dauer der Betriebszugehörigkeit, Lebensalter, Unterhaltspflichten, Schwerbehinderung) ausreichend berücksichtigt und gewichtet worden?	

Mittel- und langfristige Einsparpotenziale

Maßnahmen zur effektiven Personalkostenreduzierung brauchen vor allem eines: Zeit. Insbesondere dann, wenn sie auf eine Verbesserung des Preis-Leistungs-Verhältnisses abzielen. Die im Folgenden vorgestellten langfristigen Strategien zur Reduzierung der Personalkosten haben gegenüber den meisten kurzfristigen Instrumenten den Vorteil, dass Mitarbeitermotivation und Arbeitsqualität nicht darunter leiden.

Kostenfaktor Fort- und Weiterbildung

Häufig sparen Unternehmen am falschen Ende – an der Qualifikation der Mitarbeiter. Grundsätzlich gilt: Jedes Unternehmen braucht qualifizierte Mitarbeiter. Fehlen diese, leidet die Produktqualität und Kundenerwartungen können nicht erfüllt werden. Für die Entwicklung des Humankapitals sind vor allem die Unternehmen verantwortlich. Aber auch die Mitarbeiter selbst sind gefordert, sich entsprechend einzubringen, da sich die Verhältnisse auf dem Arbeitsmarkt in den letzten Jahren entscheidend geändert haben. Niemand kann heute noch davon ausgehen, seinen erlernten Beruf ohne Weiterbildung ausüben zu können oder ein Berufsleben lang im gleichen Job zu verbleiben. Vor diesem Hintergrund kommt es heute mehr denn je darauf an, dass die Beschäftigungsfähigkeit erhalten bleibt (Employability).

→ Informationen zu möglichen Formen der Weiterbildung bietet der Taschenguide Personalentwicklung.

→ Informationen zur gezielten Planung von Weiterbildungsmaßnahmen bietet der Taschenguide Personal.

Fort- und Weiterbildung sind relevante Kostenfaktoren.
Insbesondere unter dem Gesichtspunkt schlanker Kosten-
strukturen im Personalbereich kommt den folgenden Aspekten
entscheidende Bedeutung zu:

- der Auswahl der jeweiligen Maßnahme
- der Auswahl des jeweiligen Weiterbildungsanbieters
- der Kostenübernahme oder Beteiligung des Mitarbeiters
  an den Kosten
- der Rückzahlungsvereinbarung

Rückzahlungsvereinbarung

Investiert ein Unternehmen Geld in die Fort- und Weiterbildung eines Mitarbeiters, der dann das Unternehmen ver-
lässt, hat der Arbeitgeber das Nachsehen. Vorbeugend kann
er eine schriftliche Rückzahlungsvereinbarung treffen.

§ Ein einschlägiges Urteil fällte das Bundesarbeitsge-
richt (BAG 5 AZR 443/90). Der Arbeitgeber kann
demnach wenigstens einen Teil der Kosten zurückverlangen,
wenn der Mitarbeiter kündigt oder Anlass zu einer verhaltens-
bedingten Kündigung gibt.

Staatliche Förderung

§ Wenn das Unternehmen und/oder Mitarbeiter
bestimmte Voraussetzungen erfüllen, können laut
Sozialgesetzbuch (SGB III) auch staatliche Fördermöglich-
keiten der Bundesagentur für Arbeit (BA) in Anspruch

genommen werden. Vor Beginn einer Weiterbildungsmaßnahme muss ein entsprechender Antrag bei der zuständigen Arbeitsagentur eingereicht werden.

Staatliche Förderungen von Weiterbildungsmaßnahmen

Förderung SGB III	Beschreibung	Voraussetzung	Leistung der BA
Job-Rotation (§§ 229-233)	Mitarbeiter in Weiterbildung wird vertreten	Für die Vertretung wird ein Arbeitsloser beschäftigt	50 % des Entgelts & Arbeitgeberanteil zu Sozialabgaben
Mitarbeiter ab 50 Jahren (§ 417 Abs.1)	Weiterbildung für Mitarbeiter ab 50	Betrieb bis 100 Mitarbeiter, Arbeitgeber zahlt Entgelt, stellt Mitarbeiter frei	Kosten der Maßnahme
Ungelernte Kräfte (§ 235 c)	Möglichkeit, fehlenden Berufsabschluss nachzuholen	Arbeitgeber zahlt Entgelt, stellt Mitarbeiter frei	Zuschuss zum Entgelt & zu Sozialabgaben
Drohende Arbeitslosigkeit (§ 417 Abs. 2)	Qualifizierung bereits gekündigter Arbeitskräfte	Arbeitgeber zahlt Entgelt, stellt Mitarbeiter frei	Entgelt für die ausgefallene Arbeitsleistung

> ■ *Tipp: Nutzen Sie auch regionale Fördermöglichkeiten*
>
> *Es gibt auch regionale Förderprogramme, die Sie als Unternehmer für die Weiterbildung der Mitarbeiter in Anspruch nehmen können. Eine Liste mit den Weiterbildungsberatern der Industrie- und Handelskammern (IHK), die Sie auch zu Fördermöglichkeiten informieren, können Sie im Internet unter www.wis.ihk.de herunterladen.* ■

Steuerbefreiung

§ Fort- und Weiterbildungsmaßnahmen, die im „überwiegend betrieblichen Interesse" durchgeführt werden, sind nicht steuerpflichtig (Abschnitt 74 Lohnsteuerrichtlinien LStR). Davon ist immer auszugehen, wenn die Einsatzfähigkeit der Mitarbeiter im Betrieb durch die Bildungsmaßnahme erhöht werden soll.

Diese Voraussetzungen gelten als erfüllt, wenn

- der Arbeitgeber die Teilnahme an der Bildungsveranstaltung als Arbeitsleistung wertet und wenigstens teilweise auf die regelmäßige Arbeitszeit anrechnet,
- es bei Nichtgewährung von Freizeitausgleich branchenüblich ist, dass Fort- und Weiterbildungen entsprechend am Wochenende stattfinden.

Unerheblich ist, wer die Maßnahmen durchführt (der Arbeitgeber oder ein Drittunternehmen im Auftrag des Arbeitgebers) und wo sie erfolgt (am Arbeitsplatz, in betrieblichen oder außerbetrieblichen Einrichtungen).

Beispiel:

Die Firma Elektro Hinrich möchte ein neues Lohnabrechnungsprogramm einführen. Das Unternehmen, das das Programm entwickelt hat, stellt einen Ausbilder zur Verfügung, der die Mitarbeiter der Firma Hinrich an einem Tag in die neue Software eingeführt. Der Wert des Einführungskurses ist von den geschulten Mitarbeitern nicht zu versteuern.

> ■ *Tipp: Rechnen Sie die Seminarteilnahme auf die Arbeitszeit an*
>
> *Wenn kein Zweifel besteht, dass die Bildungsmaßnahme überwiegend im betrieblichen Interesse erfolgt, sollten Sie die Teilnahme der Mitarbeiter wenigstens teilweise auf deren Arbeitszeit anrechnen. Das Finanzamt geht nämlich davon aus, dass Bildungsmaßnahmen immer dann in überwiegend betrieblichem Interesse erfolgen, wenn die Teilnahme auf die Arbeitszeit angerechnet wird.* ■

Gestaltung der Betriebsorganisation

Einen besonders hohen Spareffekt können Unternehmen bei den Lohnkosten erzielen, wenn die Betriebsorganisation effizient gestaltet ist, Geschäftsprozesse stimmig sind sowie Leerlaufzeiten und Doppelarbeit vermieden werden.

> ■ *Tipp: Befragen Sie Ihre Mitarbeiter*
>
> *Befragen Sie Ihre Mitarbeiter nach Schwachstellen in Arbeitsorganisation und -abläufen. Die Mitarbeiter kennen die alltäglichen Abläufe im Betrieb naturgemäß meist am besten und wissen somit auch, wo Optimierungsbedarf besteht.* ■

! Selbst wenn Mitarbeiter beschäftigt scheinen, sind möglicherweise noch Kapazitäten frei. Denn Mitarbeiter, die nicht ausgelastet sind, strecken oftmals die vorhandene Arbeitszeit, indem sie beispielsweise überflüssige Tätigkeiten ausüben, langsamer arbeiten oder private Dinge erledigen. Dies geschieht meist automatisch und ohne böse Absicht und ist eher ein Zeichen mangelnder Führung. Druck ist deshalb das falsche Gegenmittel. Von Zeit zu Zeit sollte der Arbeitgeber seinen Mitarbeitern vielmehr interessante Zusatzaufgaben übertragen. Wird eine solche Aufgabe problemlos bewältigt, kann das Arbeitspensum langsam gesteigert werden.

Verbesserung der Leistungsfähigkeit

Ein gutes Betriebsklima ist das A und O für gute Leistung. Um die Leistungsfähigkeit der Mitarbeiter zu verbessern, sollte der Arbeitgeber daher für ein Klima sorgen, in dem Arbeit Spaß macht.

@ Eine Checkliste zur Verbesserung des Betriebsklimas und einen Fragenkatalog finden Sie unter www.personaloffice.de/randstad.

> ■ *Tipp: Führen Sie nachvollziehbare Leistungsstandards ein*
>
> *Legen Sie Maßstäbe für ein effizientes und erfolgreiches Arbeiten fest. Nur so haben die Mitarbeiter die Chance, qualitative Abweichungen wahrzunehmen und zu korrigieren. Bei der Einführung von Leistungsstandards sollten Sie ihren Mitarbeitern allerdings die Freiheit einräumen, die Arbeitsprozesse selbst zu gestalten und erst dann eingreifen, wenn sie nicht mehr weiterkommen.* ■

Wie lassen sich Fehlzeiten reduzieren?

Wenn Mitarbeiter ausfallen, kann das dem Arbeitgeber teuer zu stehen kommen: Bis zu sechs Wochen lang muss er den Lohn weiterzahlen, ohne eine Gegenleistung zu erhalten. Oft müssen zudem zusätzliche Überstunden oder Aushilfskräfte bezahlt werden, damit die liegen gebliebene Arbeit erledigt wird.

! Bis zu 40 % aller Fehlzeiten sind laut Experten-schätzung durch geringe Arbeitszufriedenheit und mangelnde Motivation der Mitarbeiter beeinflusst.

@ Eine Checkliste zur Reduzierung von Fehlzeiten finden Sie unter www.personal-office.de/randstad.

Die nachfolgende Checkliste hilft Ihnen, mögliche Gründe für Fehlzeiten auszumachen.

Checkliste: So analysieren Sie Fehlzeiten

▪ Gibt es jahreszeitliche Schwankungen und Erklärungen für diese Entwicklung?	
▪ Gibt es Abteilungen, die besonders hohe Fehlzeiten aufweisen?	
▪ Gibt es einzelne Mitarbeiter bzw. -gruppen, die besonders häufig fehlen?	
▪ Klagen Mitarbeiter über Unter- bzw. Überforderung?	
▪ Entsprechen Arbeitssicherheit und Gesundheits-schutz den Vorschriften?	
▪ Gibt es Hinweise auf Mobbing-Aktivitäten?	
▪ Sind neue Mitarbeiter gut eingeführt worden?	
▪ Wie ist es um die Arbeitszufriedenheit bestellt?	
▪ Besteht ein Zusammenhang zwischen Fehlzeiten und Brückentagen, Wochenenden oder Überstunden?	
▪ Lassen sich Mitarbeiter regelmäßig durch einen (Betriebs-)arzt prüfen?	

→ Weitere Informationen über krankheitsbedingte Fehlzeiten liefert der Taschenguide Arbeitsschutz & Gesundheit.

Personalkosten senken durch Outsourcing

Ein Unternehmen sollte sich nicht mit Arbeiten belasten, die andere Firmen schneller, besser und günstiger erledigen können. Gerade Routinearbeiten oder selten nachgefragte Spezialaufgaben eignen sich besonders gut zur Auslagerung. Der Hauptvorteil von Auslagerungen: Die Leistungen können nach Bedarf abgerufen und nur die tatsächliche Arbeit muss bezahlt werden.

!   Auch wenn Outsourcing auf den ersten Blick teurer erscheint, als eigene Mitarbeiter einzusetzen, lohnt sich ein Vergleich der tatsächlichen Ausgaben. Es muss nämlich auch berücksichtigt werden, dass für den Arbeitgeber keine Kosten für Entgeltfortzahlungen etc. entstehen.

Beispiel:
Ein festangestellter Netzwerkadministrator kostet ein mittelständisches Unternehmen rund 50.000 € im Jahr. Ein externer Dienstleister bietet seine Dienste für 90 bis 130 € pro Stunde an. Ob sich eine Auslagerung lohnt, hängt davon ab, wie groß der Bedarf des Unternehmens an administrativer Betreuung ist. Liegt dieser beispielsweise bei rund 80 Stunden im Monat, lohnt sich eine Auslagerung allemal.

§   Ob ein Unternehmen Aufgaben an externe Unternehmen auslagert oder nicht, ist eine freie Entscheidung des Unternehmers. Niemand kann also Outsourcing verbieten. Allerdings ist eine betriebsbedingte Kündigung nur unter bestimmten Voraussetzungen möglich. Können Mitarbeiter, deren Arbeitsplätze durch das Outsourcing wegfallen, betriebsbedingt gekündigt werden? Das hängt vor allem davon ab, ob der Outsourcing-Anbieter diese Mitarbeiter übernimmt und somit ein Betriebsübergang nach § 613a BGB, also die Auslagerung eines organisatorisch abgrenzbaren Betriebsteils, vorliegt oder nicht.

§ Verfügt das Unternehmen über einen Betriebsrat, so müssen beim Outsourcing zahlreiche Mitbestimmungsrechte beachtet werden. Nach § 92 BetrVG hat der Betriebsrat beispielsweise das Recht, Alternativen zur Ausgliederung von Arbeit oder ihrer Vergabe an andere Unternehmen vorzuschlagen. Eine Ablehnung muss begründet werden (bei über 100 Beschäftigten schriftlich).

@ Eine Checkliste zum Betriebsübergang und zur Wahl des richtigen Outsourcing-Partners finden Sie unter www.personal-office.de/randstad.

Kostensenkung bei der Personalplanung

Kostensenkende Maßnahmen sollten nicht erst dann begonnen werden, wenn Einsparungen unvermeidlich sind. Die meisten Personalkosten lassen sich nicht auf Knopfdruck senken – und wenn, dann oft nur gegen den Willen der Mitarbeiter. Sinnvoller ist es, Kostensenkungsmaßnahmen möglichst frühzeitig ins Auge zu fassen. Dies gilt vor allem, wenn wichtige Personalentscheidungen anstehen.

Sorgfältige Personalauswahl

Motivierte und gut ausgebildete Mitarbeiter sind die unverzichtbare Basis jedes Unternehmens. Damit dies auch bei Neueinstellungen berücksichtigt werden kann, sollte die

Personalauswahl möglichst zielgerichtet erfolgen. Jede Suche kostet Zeit und Geld. Arbeitgeber sollten sich gerade deshalb Zeit für das Sichten von Bewerbungsunterlagen und die Vorstellungsgespräche nehmen.

! Um als attraktiver Arbeitgeber zu gelten, ist es ausreichend, wenn sich die Bezahlung im branchenüblichen Rahmen bewegt. Eine überdurchschnittliche Bezahlung bringt verschiedenen aktuellen Umfragen (u.a. „Was Arbeitgeber attraktiv macht", DGFP 2004) zufolge keine nennenswerten Pluspunkte. Vielmehr sind immaterielle Anreize vielen Bewerbern wichtiger, z.B.:

- interessante und vielfältige Aufgaben
- Zukunftsperspektiven
- flexible Arbeitsbedingungen
- gutes Betriebsklima

Einer sorgfältigen Auswahl folgt eine gute Einarbeitung. Nur ein gut eingearbeiteter Mitarbeiter kann auch schnell volle Leistung bringen.

■ *Tipp: Nutzen Sie Probezeiten*

Um sich ein treffendes Bild über die Eignung und Teamfähigkeit des Mitarbeiters zu machen, sollten Sie die Probezeit nutzen. Im Zweifelsfall ist eine frühzeitige Trennung besser als ein dauerhaft unbefriedigendes Arbeitsverhältnis. ■

→ Umfassende Informationen zur Personalrekrutierung bietet der Taschenguide Mitarbeitersuche.

Welche Vertragsklauseln sind sinnvoll?

Bei vertraglichen Vereinbarungen sollten sich Arbeitgeber einen möglichst großen Handlungsspielraum offen halten. So sollte der Arbeitgeber beispielsweise von vornherein

- Sonderzahlungen und soziale Leistungen mit Freiwilligkeitsvorbehalt versehen,
- den Vorbehalt einräumen, Mitarbeiter auch an anderen Orten und zu anderen Zeiten beschäftigen zu können und ihnen andere Aufgaben anzuvertrauen,
- Vereinbarungen treffen, um vorübergehend Kurzarbeit einzuführen.

@ Eine Übersicht über sinnvolle vertragliche Klauseln finden Sie unter www.personaloffice.de/randstad.

Kostensenkung durch flexible Beschäftigungsverhältnisse

Viele Unternehmen machen den Fehler, ihre Belegschaft in Zeiten mit guter Auftragslage zu schnell aufzustocken. Gehen dann die Aufträge zurück, ist es oft schwer, sich von den überzähligen Mitarbeitern zu trennen.

! Grundsätzlich gilt: Es sollten nur neue Mitarbeiter eingestellt werden, wenn diese unbedingt benötigt werden, um den durchschnittlichen Arbeitsanfall zu bewältigen. Unternehmen sollten bevorzugt auf Beschäftigungsverhältnisse zurückgreifen, die einfach wieder zu lösen sind. Dazu zählen befristete Arbeitsverhältnisse ebenso wie freie Mitarbeit oder Zeitarbeit.

> ■ *Tipp: Bauen Sie einen verlässlichen Stamm an Aushilfskräften auf*
>
> *Schaffen Sie sich möglichst einen Stamm zuverlässiger Aushilfskräfte: Erfahrene ausgeschiedene Mitarbeiter, Studierende, ehemalige Prakti-kanten oder Mitarbeiter in Elternteilzeit sind oft froh, gelegentlich etwas dazu verdienen zu können.* ■

Kosten senken durch geringfügige Beschäftigung

Im Sozialversicherungsrecht gelten für Teilzeitbeschäftigte grundsätzlich dieselben Regeln wie für Vollzeitbeschäftigte – und somit volle Sozialversicherungspflicht.

Einen Sonderfall bilden die Minijobs, von denen es seit 1. April 2003 zwei Arten gibt:

- geringfügige Beschäftigung (400-Euro-Kräfte)
- Geringverdiener (von 400 € bis einschließlich 800 € pro Monat)

§ Geringfügig entlohnte Beschäftigte sind grundsätz-lich kranken-, renten-, arbeitslosen- und pflegever-sicherungsfrei (§§ 7 SGB V, 5 Abs. 2 S. 1 SGB VI, 27 Abs. 2 SGB III). Der Arbeitgeber muss allerdings einen 11%igen Pauschalbeitrag für die Krankenversicherung und einen 12%igen Pauschalbeitrag für die Rentenversicherung be-zahlen.

! Einige Personengruppen sind von der Möglichkeit einer geringfügigen Beschäftigung ausgenommen, auch wenn die Verdienstgrenze von 400/800 € nicht über-schritten wird. Zu diesen Personengruppen zählen:

- Auszubildende

- Mitarbeiter, die ein freiwilliges soziales oder ökologisches Jahr ableisten
- Behinderte in geschützten Einrichtungen
- Mitarbeiter, die nach § 74 SGB V stufenweise wieder in das Erwerbsleben eingegliedert werden
- Mitarbeiter in Kurzarbeit

Kosten senken durch kurzfristige Beschäftigung

Durch kurzfristige Beschäftigungsverhältnisse können Arbeitgeber viel Geld sparen: Nicht nur, dass diese Mitarbeiter lediglich bei Bedarf eingesetzt werden (z.B. Schlussverkauf, Urlaubsvertretung, Saisonarbeit etc.), auch bei den Lohnnebenkosten wird gespart. Denn der Arbeitslohn ist – gleichgültig wie hoch – beitragsfrei in der gesetzlichen Renten-, Arbeitslosen-, Kranken- und Pflegeversicherung. Auch muss der Arbeitgeber hier – anders als bei geringfügiger Beschäftigung – keine Pauschalbeiträge zur Renten- und Krankenversicherung entrichten.

§ Berücksichtigt werden muss allerdings, dass bereits bei Beginn der Beschäftigung feststehen muss, dass diese nicht länger als zwei Monate am Stück oder insgesamt maximal 50 Arbeitstage innerhalb eines Jahres dauert und die Tätigkeit nicht berufsmäßig ausgeübt wird (§ 8 Abs. 1 SGB IV). Ein Arbeitsvertrag für kurzfristige Beschäftigung eines Arbeitnehmers darf höchstens eine Laufzeit von einem Jahr haben. Bei regelmäßig wiederkehrenden oder Dauerarbeitsverhältnissen scheidet eine kurzfristige Beschäftigung aus. Ein erneuter Vertrag für die kurzfristige Beschäftigung eines Arbeitnehmers kommt nur dann in Frage, wenn zwischen beiden Verträgen eine mindestens zweimonatige Pause liegt (§ 14 Abs. 1 ff. TzBfG, Teilzeit- und Befristungsgesetz).

 Das Teilzeit- und Befristungsgesetz finden Sie unter www.personaloffice.de/randstad.

Eine kurzfristige Beschäftigung kommt daher grundsätzlich nur bei Aushilfstätigkeiten in Betracht. Die Beschäftigung darf nur gelegentlich ausgeübt werden und muss von wirtschaftlich untergeordneter Bedeutung sein. Das heißt: Die Aushilfe darf die Beschäftigung nicht berufsmäßig ausüben.

Beispiel:
Eine Agentur plant im Laufe des Jahres zwei große Messeauftritte, den einen im Mai, den anderen im September. Der Agenturleiter möchte zur Vorbereitung beider Events eine Aushilfskraft auf Basis einer kurzfristigen Beschäftigung einstellen. Den Arbeitsvertrag mit Frau Nortel, einer Marketingstudentin, gestaltet er daher so, dass diese an 25 Tagen im Zeitraum April/Mai sowie an 25 Tagen im Zeitraum August/September an den Projekten mitarbeiten kann.

 Eine Checkliste zur Prüfung der Berufsmäßigkeit finden Sie unter www.personaloffice.de/randstad.

Kosten senken durch Teilzeitarbeit

Immer wieder zeigt sich, dass Teilzeitarbeitskräfte die ihnen zur Verfügung stehende Arbeitszeit effizienter nutzen als Vollzeitbeschäftigte: In der gleichen Zeit bewältigen sie in der Regel mehr Arbeit – und der Arbeitgeber erhält so faktisch mehr für sein Geld.

§ Teilzeitkräfte können auch sehr flexibel eingesetzt werden. Allerdings ist hierbei zu beachten: Nach § 4 Abs. 2 Beschäftigungsförderungsgesetz ist der teilzeitbeschäftigte Arbeitnehmer nur zur Arbeitsleistung verpflichtet, wenn ihm der Arbeitgeber die Lage seiner Arbeitszeit jeweils mindestens vier Tage im Voraus mitgeteilt hat. Für den Fall, dass im Arbeitsvertrag die tägliche Dauer der Arbeitszeit nicht festgelegt ist, ist der Arbeitgeber darüber hinaus nach dem Beschäftigungsförderungsgesetz verpflichtet, den Arbeitnehmer jeweils für mindestens drei aufeinander folgende Stunden zur Arbeitsleistung in Anspruch zu nehmen.

Kosten senken durch Zeitarbeit

Die Möglichkeit, Mitarbeiter über Zeitarbeitsunternehmen zu entleihen, hat viele nicht nur finanzielle Vorteile für Unternehmen: Besteht ein Personalengpass etwa bei Auftragsspitzen oder kurzfristigem Ausfall von Mitarbeitern, kann das Unternehmen bequem und schnell auf qualifiziertes Personal eines Zeitarbeitsunternehmens zurückgreifen.

Ist der Personalengpass vorbei, kann sich das Unternehmen dann schnell wieder von den Zeitarbeitskräften trennen. Zudem muss sich der Arbeitgeber auch nicht über den Kündigungsschutz, die Entgeltfortzahlung im Krankheitsfall, Urlaubszeiten etc. Gedanken machen. Denn dieses Risiko trägt für gewöhnlich das Zeitarbeitsunternehmen.

! Ein weiterer Vorteil: Der organisatorische Aufwand zur Personalbeschaffung ist gering, da eine zeitaufwendige und daher kostenintensive Personalsuche entfällt. Seriöse Zeitarbeitsunternehmen bieten dabei auch Mitarbeiter auf Probe an (48-Stunden-Garantie).

> ■ *Tipp: Profitieren Sie von der Angebotspalette der Branchenführer*
>
> *Wenden Sie sich zunächst an die Branchenführer in der Zeitarbeit. Je größer ein Zeitarbeitsunternehmen, desto größer ist auch der Bewerberpool – und damit die Auswahl an Kandidaten. Die Branchenführer bieten zudem eine Reihe spezialisierter Angebote, z.B. für bestimmte Branchen.* ■

→ Umfassende Informationen zum Thema Personalvermittlung bietet der Taschenguide Zeitarbeit. Dort finden Sie unter anderem auch detaillierte Informationen zu spezifischen Angeboten wie Inhouse-Lösungen oder Mitarbeiterüberlassung in Krisenzeiten.

Anwendungsbeispiele

In diesem Kapitel soll das Fachwissen zum Thema Personalkostenreduzierung auf konkrete Szenarien bezogen werden. Die folgenden Anwendungsbeispiele orientieren sich an den Schwerpunkten des Buches:

- Personalkosten im Betrieb ermitteln
- Ein effizientes Controllingsystem einführen
- Betriebsteile gezielt auslagern
- Möglichkeiten flexibler Beschäftigung nutzen

Jeder Abschnitt dieses Kapitels wird mit der Schilderung einer konkreten Ausgangssituation eingeleitet. Anschließend wird eine Aufgabenstellung für den Personalverantwortlichen formuliert und ein Vorschlag für die weitere Vorgehensweise gemacht.

Personalkosten im Betrieb ermitteln

Ein Dienstleistungsunternehmen hat drei Standorte (Hamburg, Berlin und Köln) und besteht aus einer Holding AG mit drei Tochterunternehmen GmbH. Insgesamt beschäftigt das Unternehmen 74 Mitarbeiter an allen Standorten. Die drei GmbHs verfügen über unterschiedliche Entgeltformen. Keines zahlt nach Tarif, vielmehr gibt es eine erfolgsabhängige Entlohnung mit Gewinnbeteiligung. Alle zahlen ihren

Mitarbeitern ein dreizehntes Monatsgehalt. Darüber hinaus wurden in den Tochterunternehmen unterschiedliche, individuelle Vereinbarungen mit den Arbeitnehmern getroffen, wie z.B. Fahrtkostenzuschüsse, Jubiläumszahlungen, Weiterbildungsmaßnahmen etc. Finanzielle Situation und Auftragslage sind gut. Allerdings ist der Vorstand der Ansicht, dass die Personalkosten in den letzten beiden Jahren im Verhältnis zu den Gesamtkosten des Unternehmens zu hoch geworden sind. Um wettbewerbsfähig zu bleiben, beschließt der Vorstand, die Personalkosten einer genauen Prüfung zu unterziehen. Der Personalleiter wird beauftragt, die Kosten zu analysieren. Seine Aufgaben lauten:

1   Erfassung der Personalkosten
2   Ermittlung von Einsparpotenzialen
3   Vorschlag von Maßnahmen zur Kostensenkung

Vorschlag zur Vorgehensweise

Erfassung der Personalkosten

Da jedes der Tochterunternehmen über eine eigene Kostenstelle Personal verfügt, kann der Personalleiter auf die buchhalterischen Daten zurückgreifen. Um einen genauen Überblick über die Personalkosten zu erhalten, empfiehlt sich für ihn folgende Vorgehensweise:

▪ Auf Grundlage der buchhalterischen Daten erstellt er für jede Tochtergesellschaft eine Analyse der Mitarbeiterstruktur (Anzahl der Beschäftigten, Alter, Qualifikation, Fluktuationsrate) sowie eine Aufstellung der Personalkosten auf Vollkostenbasis.

- In die Ist-Kostenrechnung werden nicht nur die Gehälter und die gesetzlich vorgeschriebenen Sozialabgaben einbezogen, sondern auch sämtliche Zusatzkosten und Sonderzahlungen. Auch alle sekundären Kosten (Verwaltungskosten, Rekrutierungskosten etc.) werden berücksichtigt.
- Aus den ermittelten Daten berechnet er den Durchschnittswert (Höhe Personalkosten durch Anzahl der Beschäftigten).

Ermittlung von Einsparpotenzialen

Um mögliche Einsparpotenziale aufzuzeigen, schlägt der Personalleiter vor, ein Benchmarking durchzuführen. Als Vergleichspartner wird ein Wettbewerber (Dienstleistungsunternehmen mit zwei Standorten und vergleichbarer Mitarbeiterzahl) gewählt. Davon verspricht er sich deutlich mehr Erkenntnisse, als von einem internen Benchmarking, also einem Vergleich der drei Tochter-Unternehmen.
Dabei wird wie folgt vorgegangen:

- Der Personalleiter stellt ein Benchmarking-Team zusammen.
- Zur Vorbereitung des Benchmarkings werden Leistungsbeurteilungsgrößen festgelegt (Mitarbeiterstruktur, Qualifikation, Kosten für Weiterbildung, Fluktuationsrate etc.), um eine Vergleichbarkeit des eigenen Unternehmens (A) mit dem Benchmarkingpartner (B) zu gewährleisten.
- Anschließend erfolgt die Datenerhebung. Da der Wettbewerber zum Erfahrungsaustausch bereit ist und sich ebenfalls Erkenntnisse aus dem Vergleich verspricht, kann das Team neben sekundären Informationsquellen (Ge-

schäftsbericht, Prospekte und Wirtschaftsauskunfteien) auch auf primäre Informationsquellen zurückgreifen, die der Benchmarkingpartner zur Verfügung stellt.

- Durch die Analyse werden Leistungslücken und ihre Ursachen im Vergleich zum Benchmarking-Partner erkannt.
- Schließlich werden die Ergebnisse im Unternehmen kommuniziert.

Im Vergleich zum Wettbewerber sind
- die festen Gehaltsleistungen vergleichbar,
- die Summe der Sonder- und Zusatzleistungen höher,
- die Abfindungen höher,
- die Mitarbeiter überqualifiziert,
- die Fluktuationsraten und Fehlzeiten höher,
- die Aus- und Weiterbildungskosten höher.

Zudem nutzt Unternehmen A weniger flexible Beschäftigungsformen (Teilzeit, geringfügige Beschäftigung) als Unternehmen B. Anstelle eines dreizehnten Monatsgehalts zahlt der Benchmarkingpartner seinen Mitarbeiter Leistungen für die betriebliche Altersversorgung.

Vorschlag von Maßnahmen zur Kostensenkung

Die vergleichsweise hohen Personalkosten des Dienstleistungsunternehmens A hängen maßgeblich mit der hohen Fluktuationsrate, den Aus- und Weiterbildungskosten und den Fehlzeiten zusammen. Zudem spart der Wettbewerber durch die gezielte Nutzung steuerfreier Vergütungsbestandteile (Betriebliche Altersversorgung). Um die Leistungslücke zu schließen, schlägt der Personalleiter vor:

- eine Fehlzeitenanalyse durchzuführen

- eine Mitarbeiterbefragung zu organisieren (Schwerpunkt: Motivation)
- alle Fort- und Weiterbildungsmaßnahmen einer genauen Prüfung zu unterziehen (Kosten-Nutzen-Analyse)
- die Sonderzahlungen in den Tochter-Unternehmen zu vereinheitlichen und bestimmte Leistungen zu streichen (dabei ist zu prüfen, wo eventuell eine betriebliche Übung vorliegt)
- zu überlegen, inwieweit flexible Beschäftigungsformen genutzt werden können, um Personalkosten zu sparen

Ein Controllingsystem einführen

Ein IT-Unternehmen in Brandenburg zählt 134 Angestellte. Das Unternehmen ist spezialisiert auf die Konzeption, Erstellung und Einführung von medizinischen Informationssystemen und Software-Anwendungen für Krankenhäuser. Um den Personaleinsatz zielgerichtet zu steuern, Kostensparpotenziale auszumachen und den Erfolg personalpolitischer Entscheidungen besser messen zu können, möchte der Juniorchef ein Personalcontrollingsystem einführen. Zu diesem Zweck hat er einen Controller eingestellt, der gemeinsam mit der Personalabteilung ein solches System implementieren soll. Ein dreiköpfiges Controllingteam wird gebildet.

Die Aufgaben des Controllingteams lauten:

1 Ermittlung relevanter Kennzahlen
2 Verknüpfung der Kennzahlen zu einem Kennzahlensystem
3 Erstellung eines Maßnahmenkatalogs

Vorschlag zur Vorgehensweise

Ermittlung relevanter Kennzahlen

Das Controlling erstellt zunächst eine Liste von Anforderungen, die die Kennzahlen erfüllen sollen. Die Kennzahlen sollen:

- auf wesentliche und relevante Inhalte beschränkt sein
- eindeutig operationalisiert und standardisiert sein
- Vergleiche ermöglichen (Soll-Ist-Vergleich)
- einen erkennbaren Gestaltungs- und Entscheidungsbezug haben
- ökonomisch erfasst werden können (Rückgriff auf Daten aus Personalinformationssystemen, Lohn- und Gehaltsbuchhaltung, Betriebsdatenerfassungssystem etc.)
- regelmäßig erhoben werden (zeitnah)
- Veränderungen registrieren und angemessen abbilden

Auf dieser Grundlage legt das Controllingteam insgesamt rund zehn Kennzahlen für den Bereich Personal fest. Unter anderem werden berücksichtigt:

→ K1: Qualifikationsstruktur
→ K2: Behindertenanteil
→ K3: Frauenanteil
→ K4: Durchschnittsalter der Belegschaft
→ K5: Durchschnittsdauer der Betriebszugehörigkeit
→ K6: Fluktuationsrate
→ K7: Bewerber pro Ausbildungsplatz
→ K8: Überstundenquote
→ K9: Anzahl krankheitsbedingter Fehlzeiten
→ K10: Anzahl sonstiger Fehlzeiten
→ K11: Anzahl der Verbesserungsvorschläge von Mitarbeitern

Verknüpfung der Kennzahlen zu einem Kennzahlensystem

Um die ermittelten Kennzahlen zu einem Kennzahlensystem im Sinne der kritischen Erfolgsfaktoren zu verbinden, schlägt das Controlling vor, diese in einer Balanced Scorecard abzubilden. Dazu müssen auch für alle anderen Unternehmensbereiche entsprechende Kennzahlen festgelegt werden. Das gesamte Unternehmen kann so aus vier verschiedenen Perspektiven betrachtet werden:

- **Finanzperspektive**: Finanzielle Kennzahlen sollen erkennen lassen, ob die Strategien auch auf monetärer Ebene greifen und zu Verbesserungen führen.
- **Kundenperspektive**: Wie wird das Unternehmen aus Sicht der Kunden eingeschätzt? Untersucht werden die Kunden- und Marktsegmente des Unternehmens.
- **Prozessperspektive**: Was muss intern getan werden? Untersuchung der internen Kernprozesse, die für die Erstellung der betrieblichen Leistungen wichtig sind.
- **Entwicklungsperspektive**: Wie kann sich das Unternehmen verbessern und Innovationen einführen? Hierbei wird die Einbindung der Mitarbeiter in Unternehmensprozesse überprüft.

Erstellung eines Maßnahmenkatalogs

In Rahmen eines Meetings, an dem der Geschäftsführer, die Abteilungsleiter und auch der Betriebsrat teilnehmen, schlägt das Controllingteam anhand der ermittelten Kennzahlen Zielgrößen für die einzelnen Perspektiven vor. Grundlage bildet ein Soll-Ist-Vergleich. Anhand der vorgeschlagenen Ziele erarbeitet das Controlling einen Maßnahmenkatalog mit einer konkreten Zeitplanung.

Maßnahmenkatalog

Ziele	Messgröße	Maßnahmen	Zeitbezug
Verbesserung der Fort- und Weiterbildungsmöglichkeiten	Qualifikationsstruktur	Größe Auswahl an qualitativ hochwertigen Kursen und Seminaren	1 Jahr
Verringerung der Fehlzeiten	Anzahl der Fehlzeiten (gesamt)	Mitarbeiterbefragung, 360-Grad-Feedback	1 Jahr
Verbesserung des innerbetrieblichen Vorschlagwesen	Anzahl der Verbesserungsvorschläge	Neues Anreizsystem, Mitarbeiterbefragung	6 Monate
Verringerung der Fluktuationsrate	Prozentzahl	Bessere Karriereperspektiven	3 Jahre

Betriebsteile gezielt auslagern

Ein mittelständisches Maschinenbauunternehmen mit Sitz im süddeutschen Raum hat sich auf die Herstellung von Schutzgittersystemen für Maschinen und Anlagen spezialisiert. Dazu kommen moderne 2D und 3D CAD-Systeme zum Einsatz. Das Unternehmen zählt rund 80 Mitarbeiter. Der Umsatz liegt bei etwa 20 Millionen Euro im Jahr. Das Unternehmen verfügt über einen eigenen IT-Bereich. Er besteht aus einem Netzwerkadministrator und drei Fachinformatikern. Auch um die Lohn- und Finanzbuchhaltung kümmert sich das Unternehmen selbst. Hierfür wurden drei Fachkräfte eingestellt. Um Personalkosten zu sparen, überlegt der Geschäftsführer einen dieser Bereiche auszulagern. Der Personalverantwortliche soll nun herausfinden, ob und für welchen Bereich sich eine Auslagerung lohnt.

Die Aufgaben für den Personalverantwortlichen lauten:

1 Prüfung des Sachverhalts
2 Beurteilung der Outsourcinglösung
3 Einleitung von Maßnahmen

Vorschlag zur Vorgehensweise

Prüfung des Sachverhalts

Um herauszufinden, ob sich die Auslagerung des IT-Bereichs und/oder der Lohn- und Finanzbuchhaltung lohnt, empfiehlt es sich, dass der Personalverantwortliche wie folgt vorgeht:

- Er ermittelt die Personalkosten für beide Bereiche inklusive Anschaffung, Instandhaltung und Wartung von Arbeitsmaterialien sowie die Kosten für die benötigten Büroräume (Vollkostenrechnung).

- Er erstellt eine detaillierte Fehlzeitenanalyse für beide Bereiche und rechnet auch andere Ausfallzeiten der Mitarbeiter mit ein.
- Er holt mehrere Angebote entsprechender Dienstleister ein und vergleicht diese. Dabei berücksichtigt er neben dem Know-how und den Referenzen der einzelnen Anbieter auch die Stabilität und Sicherheit (Versicherungsschutz).
- Er überprüft, welche Umstellungskosten (Koordination und Kontrolle) bei einer Auslagerung entstehen und welche Konsequenzen die Abhängigkeit von einem Anbieter hat/haben kann.
- Er schaltet einen Rechtsbeirat ein, um zu prüfen, welche rechtlichen Konsequenzen eine Outsourcinglösung haben könnte. (Sind betriebsbedingte Kündigungen möglich? Wie hoch sind die Kosten für mögliche Abfindungen? Können entsprechende Mitarbeiter für andere Bereiche eingesetzt werden? Besteht die Möglichkeit, dass Mitarbeiter die Aufgaben selbstständig übernehmen? Ist ein Betriebsübergang möglich?)

Beurteilung der Outsourcinglösung

Nachdem der Personalverantwortliche die Situation genau geprüft hat, stellt er die Vor- und Nachteile der Auslagerung für jeden der beiden Bereiche gegenüber und präsentiert diese dem Geschäftsführer.

Die Ergebnisse seiner Beurteilung:

IT-Bereich

- Eine Auslagerung ist nicht zu empfehlen, da ein extrem hoher Serviceaufwand besteht. Zudem ist es für das Unternehmen von größter Bedeutung, dass alle Systeme und Anlagen regelmäßig gewartet werden und bei Störfällen sofort eine entsprechende Fachkraft zur Stelle ist. Ausfallzeiten an den Systemen kann sich das Unternehmen nicht leisten. Zudem ist aufgrund der vorhandenen technischen Mittel mit erheblichen Umstellungskosten zu rechnen.
- Zwar entstehen im IT-Bereich sehr hohe Kosten für die Schulung und Weiterbildung der Mitarbeiter, da diese ständig auf dem neusten Stand sein müssen, allerdings sind Outsourcing-Anbieter, die ein vergleichsweise hohes Know-how bieten können, auch extrem teuer. Der günstigste Anbieter lag bei 150 €/Stunde.

Bereich Lohn- und Finanzbuchhaltung

- Durch die Auslagerung dieses Bereichs kann das Unternehmen erheblich Kosten einsparen. Gleich mehrere Anbieter boten einen Pauschalpreis für die komplette Lohn- und Finanzbuchhaltung an, der weit unter dem eigenen Personalaufwand lag.
- Durch die Auslagerung der Lohn- und Finanzbuchhaltung entsteht keine nennenswerte Beeinträchtigung der betrieblichen Abläufe.
- Da die in diesem Bereich eingesetzten Arbeitsmittel (PCs, Drucker etc.) ohnehin nicht mehr auf dem allerneusten Stand sind, müsste das Unternehmen hier in absehbarer Zeit erneut investieren. Durch eine Auslagerung des Bereichs können diese Investitionen eingespart werden.

Einleitung von Maßnahmen

Nachdem entschieden wurde, den Bereich Lohn- und Finanzbuchhaltung auszulagern, hat der Personalverantwortliche folgende Maßnahmen einzuleiten:

- Unterrichtung des Betriebsrates und der betroffenen Mitarbeiter
- Festlegung eines groben Zeitplans
- Ausarbeitung eines konkreten Vertrags mit dem Outsourcingpartner
- Erarbeitung von Kontrollmöglichkeiten, um die Leistungen des Vertragspartners regelmäßig zu überprüfen

Möglichkeiten flexibler Beschäftigung nutzen

Ein Frankfurter Architekturbüro mit 135 Angestellten hat kurzfristig und überraschend eine Ausschreibung zur Planung eines neuen Einkaufszentrums gewonnen. Da alle Personalressourcen bereits weitgehend an andere Projekte gebunden sind, entscheidet sich der Inhaber, das benötigte Personal projektgebunden, also für die Dauer von zirka einem Jahr, einzustellen. Das Problem: Entsprechend qualifiziertes Personal – fünf Bauzeichner und drei Architekten sowie Verstärkung für das Bürowesen – muss innerhalb von drei Wochen gefunden werden. Dabei soll der Beschaffungs- und Verwaltungsaufwand so gering wie möglich gehalten werden. Der Chef beauftragt den Personalverantwortlichen, geeignete Beschäftigungsformen zu evaluieren.

Folgende Aufgaben muss der Personalleiter lösen:

1 Ermittlung geeigneter Beschäftigungsformen
2 Suche nach qualifizierten Mitarbeitern
3 Grobe Kalkulation der Kosten

Vorschlag zur Vorgehensweise

Ermittlung geeigneter Beschäftigungsformen

Der Personalverantwortliche überlegt zunächst, welche Beschäftigungsmodelle aufgrund der gestellten Anforderungen grundsätzlich in Frage kommen:

- Das Fachpersonal (Architekten und Bauzeichner) könnte auf Basis einer freien Mitarbeit beschäftigt werden oder erhält einen befristeten Arbeitsvertrag (Jahresverträge).
- Die Bürokraft wird auf Basis eines Minijobs beschäftigt oder ein Jahrespraktikum im Bürowesen ausgeschrieben.
- Einem anderen Architektenbüro wird ein entsprechender Unterauftrag vergeben (Outsourcing des Projekts).
- Das erforderliche Personal wird über ein Zeitarbeitsunternehmen für die Dauer des Projekts entliehen.

Suche nach qualifiziertem Personal

Aufgrund des enormen Zeitdrucks entscheidet sich der Personalverantwortliche, mit einem Zeitarbeitsunternehmen zusammenzuarbeiten. Er wendet sich an einen der Marktführer, da dieser nicht nur über einen großen Bewerberpool mit erforderlichem Fachpersonal verfügt, sondern auch gute Konditionen bietet. Zudem garantiert ihm der Dienstleister, dass erforderliche Fachpersonal innerhalb einer Woche bereitzustellen. Um geeignete Kandidaten auszumachen, erstellt der Personalverantwortliche nun im Kundengespräch mit einem Disponenten die genauen Anforderungsprofile. (Welche Qualifikationen sind erforderlich? Welche Erfahrungen, Fähigkeiten- und Fertigkeiten müssen vorhanden sein?) Die Personalauswahl (Suche, Vorstellungsgespräche etc.) übernimmt der Dienstleister und schlägt dem Personalverantwortlichen dann geeignete Kandidaten vor. Der Personalverantwortliche schließt mit dem Zeitarbeitsunternehmen einen entsprechenden Überlassungsvertrag. Für ihn als Kunden entfallen alle weiteren Aufgaben der Personalverwaltung, da das entliehene Personal beim Zeitarbeitsunternehmen angestellt ist. Als Aushilfe für das Büro schreibt er selbst ein Jahrespraktikum aus und kann schnell einen geeigneten Bewerber finden.

Grobe Kalkulation der Kosten

Die Angebotskalkulation des Zeitarbeitsunternehmens basiert auf den im Branchentarifvertrag aufgeführten Entgelttarifen für Zeitarbeitsunternehmen. Sie richtet sich neben den Zuschlägen und Lohnnebenkosten auch am individuellen Kundenauftrag aus. Da die Zeitarbeitnehmer über eine hohe Qualifikation und viel Berufserfahrung verfügen müssen, um den Anforderungen des Architektenbüros zu entsprechen, werden sie nach der höchsten Entgeltgruppe entlohnt.

Die zusätzlichen Personalkosten für dieses Projekt (drei Architekten, fünf Bauzeichner für einen Zeitraum von einem Jahr) können grob auf 430.000 € kalkuliert werden. Hinzu kommt der Jahrespraktikant mit rund 4.000 €.

Stichwortverzeichnis